Ernst Schwenk · **Maßmenschen**

kontra●punkt: Das allererste Programm

Stefan Dietrich
Maos Atem, Rossinis Tränen
und 999 andere unwichtige Tatsachen und Ereignisse der Welt-
und Kulturgeschichte
292 Seiten, Leseband, gebunden, mit Schutzumschlag
ISBN 3-0350-2008-6

Michael Schulte
Krumm gelaufen!
Genies, Dilettanten, Versager – die schönsten mißlungenen Verbrechen
280 Seiten, sw-Abbildungen, Leseband, gebunden, mit Schutzumschlag
ISBN 3-0350-2004-3

Joe Simpson
Sturz ins Leere
Mit einem Vorwort von Chris Bonington
Aus dem Englischen von Jürg Wahlen
6. Auflage, 264 Seiten, 23 z. T. farbige Abbildungen,
laminierter Pappband
ISBN 3-0350-2011-6

Marnie Walsh
Grasherz
Roman. Mit einem Nachwort von James Colbert
Aus dem Amerikanischen von Sibylle Schmidt
ca. 220 Seiten, gebunden, mit Schutzumschlag
ISBN 3-0350-2000-0

Owe Wikström
Vom Unsinn, mit der Harley durch den Louvre zu kurven
Lob der Langsamkeit
Aus dem Schwedischen von Dagmar Lendt
255 Seiten, Leseband, gebunden, mit Schutzumschlag
ISBN 3-0305-2003-5

In Ihrer Buchhandlung

Ausführliche Programm-Informationen:
www.kontrapunkt-buch.ch

Ernst Schwenk

Maßmenschen

Von Ampère und Becquerel bis Watt und Weber

Wer den Maßeinheiten den Namen gab

kontra•punkt
oesch verlag

Copyright © 2003 by kontra●punkt/oesch verlag ag, Zürich
Satz: Oesch Verlag
Druck und Bindung: fgb · freiburger graphische betriebe
Printed in Germany

ISBN 3-0350-2005-1

Gern senden wir Ihnen unser Verlagsverzeichnis:
kontra●punkt/oesch verlag, Jungholzstraße 28, 8050 Zürich
E-Mail: info@kontrapunkt-buch.ch

Unser Programm finden Sie im Internet unter:
www.kontrapunkt-buch.ch

Inhalt

Zu diesem Buch

Wir kennen sie schon lange, täglich verwenden wir ihre Namen. Das 220-Volt-Netz, die 100-Watt-Glühbirne, die 16-A-Sicherung, eine Taktfrequenz von 800 MHz, das sind für die meisten Zeitgenossen wohlvertraute Begriffe. Doch was wissen wir über die Menschen, die sich hinter diesen technischen Bezeichnungen verbergen? Wer war Graf Volta, wo hat Mister Watt gelebt, welche Erfindung verdanken wir Monsieur Ampère? Wer erinnert sich aus dem Physikunterricht noch an die Namen Hertz, Kelvin, Coulomb und Tesla? Und warum wurde die gute alte Kalorie durch die schwer aussprechbare Maßeinheit »Joule« ersetzt?

Dieses Buch beschreibt das Leben und Wirken von 19 Physikern, Ingenieuren und Erfindern, die bedeutende Beiträge für den Siegeszug der Technik geleistet haben. Bei der Festlegung der Maßeinheiten hat man ihre Verdienste gewürdigt, indem wichtige Einheiten nach ihren Namen benannt wurden. So erhielten sie posthum ein Denkmal der besonderen Art.

Das Internationale System der Maßeinheiten (SI-Einheiten) wurde in den Jahren 1969 bis 1985 von Wissenschaftlern und Experten der führenden Industriestaaten erarbeitet. Es ist inzwischen in fast allen Ländern der Erde gesetzlich eingeführt. Für die Weltwirtschaft hat das neue Maßeinheitensystem eine enorme Bedeutung. Die Verständigung in Wissenschaft, Technik und Handel auf dem Gebiet des Meßwesens ist damit über alle Grenzen hinweg erheblich vereinfacht. Die komplizierten Umrechnungen entfallen. Prüfgeräte, Prüfmethoden und Normen wurden vereinheitlicht, Handelshemmnisse beseitigt. Was die Maßeinheiten angeht, spricht man heute rund um den Erdball dieselbe Sprache.

Dieses Buch soll an die großen Pioniere der Technik erinnern und den von ihren Namen abgeleiteten technischen Begriffen einen menschlichen Hintergrund verleihen. Vor den Augen des Lesers entfaltet sich ein buntes Kaleidoskop denkwürdiger Ereignisse der Technikgeschichte. Er erlebt die Anfänge der Elektrizität und der Fernmeldetechnik, er erfährt, durch welche Zufälle die Radioaktivität entdeckt wurde und was zur Erfindung der Dampfmaschine geführt hat. Die Bewunderung für die Erfindungsgabe der Technikpioniere mischt sich mit dem Staunen über ihre Phantasie und Genialität.

Das Buch enthält im Anhang Kurzbiographien früherer Namensgeber von Maßeinheiten, beispielsweise von Marie Curie, Carl Friedrich Gauß und Evangelista Torricelli, ferner Informationen über die Namensgeber SI-fremder, aber häufig verwendeter Maßeinheiten: die bekannten Oechsle-Grade, die Erdbebenskala nach Richter, die Skala der Windgeschwindigkeit nach Beaufort usw. Für geschichtsinteressierte Leser, Historiker und Heimatforscher dürfte das ausführliche Verzeichnis alter Maßeinheiten aus dem deutschsprachigen Raum von besonderem Interesse sein.

Den Lesern dieses Geschichtenbuches wünsche ich Bereicherung, Erkenntnisgewinn und Lesevergnügen.

Ernst Schwenk

Das vorliegende Werk ist eine vollständig überarbeitete und erheblich erweiterte Neuauflage des 1993 bei dtv erschienenen Buches *Mein Name ist Becquerel*. Das Buch wurde 1995 vom »Deutschen Verband Technisch-Wissenschaftlicher Vereine« (DVT) mit dem DVT-Preis »Technik und Öffentlichkeit« ausgezeichnet.

König Heinrichs Nasenspitze

Ein Streifzug durch die Geschichte des Meßwesens

Wann lernte der Mensch das Messen? Vielleicht noch vor dem Sprechen. Im Kampf ums Überleben konnte der Homo erectus nur bestehen, wenn er die Wassertiefe des Flusses, die Höhe des Felsens, die Entfernung des Wildes richtig einzuschätzen wußte. Der Mensch mußte lernen, seine eigene Körperkraft an der Kraft seines Feindes zu messen, er mußte die Zeit taxieren können, die ihm nach der Jagd noch verblieb, um vor Einbruch der Dunkelheit sein Lager zu erreichen.

Daumenbreite, Schrittweite und Handspanne

Solange die Menschen der Vorzeit nur für ihren eigenen Bedarf jagten, fischten oder Früchte sammelten, bestand für sie kein Anlaß, sich über Begriffe wie Länge und Zeit, Gewicht und Volumen zu verständigen. Erst als der Mensch zu tauschen und zu handeln begann, ge-

Schon die alten Ägypter benutzten eine zweischalige Balkenwaage (Totenbuch der 18. ägyptischen Dynastie, ca. 1300 v. Chr.)

wannen definierte Maße und Gewichtseinheiten an Bedeutung. Eine Übereinkunft zwischen Käufer und Verkäufer über die zugrunde gelegte Maßeinheit war eine unumgängliche Voraussetzung für den friedlichen Warenaustausch. Was lag näher, als den Maßstab zu benutzen, den man immer bei sich trug, nämlich die Maße des eigenen Körpers? Die Breite des Daumens, die Länge des Schritts, die Handspanne, das waren gemeinverständliche Einheiten des Längenmaßes. Was zwei Hände an Getreidekörnern fassen konnten, bildete die Grundlage für das Volumenmaß. Die Sumerer und Chaldäer sprachen bereits vor Jahrtausenden von Daumenbreite (Zoll) und Armspanne, sie kannten die Maßeinheiten Tagwerk, Becher und Eimer. Die ägyptische Hieroglyphe für die Einheit »Elle« war der abgewinkelte Unterarm. 180 Getreidekörner, genau abgezählt, waren die Grundeinheit für das Gewicht. Gut ausgebildet war auch das Meßwesen der Römer. Ihr System der Längenmaße reichte von der Meile (milia = 1000 Doppelschritte) über Stadie, Schritt, Fuß bis zur Fingerlänge. Von den holländischen Kolonisten stammt die Gewichtseinheit »Karat« für Gold und Edelsteine. Ein Karat entsprach dem Gewicht eines Samenkorns vom Johannisbrotbaum.

Daß eine Maßeinheit für jedermann verständlich war, bedeutete noch lange nicht, daß sie auch von allen anerkannt wurde. Wollte der kleinwüchsige Tuchhändler dem großgewachsenen Kunden zehn Ellen Stoff verkaufen, kam es fast zwangsläufig zum Streit. Wessen Elle sollte gelten? Nur einer konnte das entscheiden: der Souverän des Landes. Und dieser wählte natürlich diejenigen Maßeinheiten, die ihm am nächsten lagen, nämlich die seines eigenen Körpers. Um das Jahr 800 war der königliche Fuß Karls des Großen das Längenmaß, nach dem sich seine Untertanen zu richten hatten. In weiser Voraussicht, daß er eines Tages sein »Urmaß« mit ins

König Heinrich I. von England. Seine Körpermaße werden in den angelsächsischen Ländern noch heute benutzt – für das Yard

Grab nehmen würde, bestimmte König Heinrich I. von Sachsen um das Jahr 900 die Länge seines goldenen Zepters als Standard für die sächsische Elle. Aber das war die Ausnahme. Sein Namensvetter, König Heinrich I. von England, ging wieder von seinen eigenen Körpermaßen aus: Im Jahr 1101 befahl er seinen Höflingen, die Entfernung zwischen seiner Nasenspitze und dem Daumennagel bei ausgestrecktem rechtem Arm »exakt« zu vermessen. Die Länge dieser »Meßrute« ist noch heute in den angelsächsischen Ländern gültig und dort weit beliebter als das Meter. Es ist das Yard (1 yd = 0,9144 m).

Jedem Ländchen sein eigen Quentchen

In anderen Ländern herrschte weniger Traditionsbewußtsein. Wenn die Landesfürsten wechselten, änderten sich meist auch die Einheits-

Festlegung der Maßeinheit: »Rute« (12 Fuß): »16 Mann groß und klein, wie sie aus der Kirche kommen, stellen die Schuh voreinander.« So findet man die »gerecht gemeyn Meßrut«. Holzschnitt 1575

maße. In deutschen Landen war die Verwirrung wohl am größten. Hier hatte fast jede Stadt, jede Grafschaft, jeder Marktflecken seine eigenen Maße und Gewichte, also »jedes Ländchen sein eigen Quentchen« (1 Quentchen = ca. 1,66 g). Kaufleute und Zünfte sahen in dem lokalen Maß- und Gewichtssystem keineswegs immer einen Nachteil, so waren sie vor auswärtiger Konkurrenz besser geschützt. »Das rechte Maß« – also das in der betreffenden Stadt anzuwendende – wurde im Rathaus aufbewahrt, für den Fall, daß Streitereien vor Gericht zu schlichten waren. Noch heute ist an der Außenmauer vieler Rathäuser die für die Tuchhändler gültige Elle eingemauert, ein Eisenstab von 57 bis 69 cm Länge.

Manchmal diente das Maßsystem auch dazu, die Kalkulation etwas freundlicher zu gestalten: Indem man die Elle etwas kürzer, die Pfunde etwas leichter machte, konnte man die Teuerung elegant verschleiern. Das hatte zur Folge, daß auf dem Gebiet des Meßwesens bis in die erste Hälfte des 19. Jahrhunderts ein heilloses Durcheinander herrschte. Um 1800 gab es in dem kleinen Herzogtum Baden nicht weniger als 112 verschiedene Ellen, 92 Flächenmaße, 65 Holzmaße, 163 Getreidemaße, 123 Oehme und Eimer, 63 Schenkmaße und 80 verschiedenwertige Pfunde. Kleinstaaterei und Eigenbrötelei wurden für den grenzüberschreitenden Handel zum unüberwindlichen Hindernis.

Der mühsame Siegeszug des Meters

Eine Reform des Meßwesens war längst überfällig, als 1789 die Französische Revolution ausbrach. Zu den feudalen Hinterlassenschaften gehörten auch die am Körper des französischen Königs abgenommenen Maßeinheiten *toise* (Armspanne, Klafter), *pied* (Fuß) und *pouce* (Daumen, Zoll). Mit solchen Relikten der verhaßten Monarchie wollten die Jakobiner nun gründlich aufräumen. Künftig sollte die Erdkugel das Maß aller Dinge sein. Auf die unvergängliche, maßstabile Erde, den gemeinsamen Wohnsitz aller Menschen, würden sich die Völker wohl am ehesten einigen können, so hofften die Revolutionäre.

Die Französische Akademie der Wissenschaften bekam von der Nationalversammlung den Auftrag, ein neues, weltweit anwendbares Maßsystem auszuarbeiten. Ein Jahr später legten die Gelehrten ihr Gutachten vor: Der zehnmillionste Teil des Erdmeridianquadranten zwischen Nordpol und Äquator sollte die Grundeinheit des neuen Maßsystems sein und die Bezeichnung »Meter« erhalten (abgeleitet vom griechischen Wort *metron,* das Maß). Noch wichtiger: Alle Vielfache und Teile des Meters sollten künftig in Zehnerschritten, also dezimal, gebildet werden. Das war die Geburt des metrisch-dezimalen Systems.

Die bedeutendsten Astronomen Frankreichs, Jean Baptiste Delambre, Mitglied des neuerrichteten *Bureau des longitudes,* und Pierre François Méchain, Direktor des Pariser Observatoriums, begannen am 17. Juni 1792 den durch das Observatorium von Paris verlaufenden Meridian auf der Strecke zwischen Dünkirchen und Barcelona mit ihren Theodoliten zu vermessen. Ein mühsames und gefährliches Unterfangen. Die Expeditionsteilnehmer hatten nicht nur zahlreiche bürokratische Hindernisse zu überwinden und große Strapazen zu erdulden, mehrfach landeten sie wegen Spionageverdachts im Kerker. Die Vermessung wurde erst nach sieben Jahren zum Abschluß gebracht. Am 22. Juni 1799 präsentierte eine internationale Kommission von Experten, die mit ihrem Namen für die Richtigkeit der Messungen bürgten, der Französischen Nationalversammlung das Ergebnis. Auf einem purpurroten Samtkissen trug der Zeremonienmeister einen Stab von x-förmigem Querschnitt aus funkelndem Platin feierlich in die erlauchte Versammlung. »Bürger von Frankreich, erhebt Euch, hier ist das neue Längennormal, das Urmeter! Seine Größe beträgt 3 Fuß, 11 296 Teilstriche der Toisen du Pérou. Ein neues Zeitalter beginnt! A tous les temps, à tous les peuples!« Seit diesem Tag wird das »für alle Zeiten, für alle Völker« gültige metrische Urmaß streng bewacht in einem acht Meter tiefen Felsentresor unter dem Landschloß von Breteuil bei Paris, am Rande des Parks von Sèvres, aufbewahrt.

Ein Volksaufstand erzwingt die Abschaffung des Meters

Hatten die französischen Behörden geglaubt, die Welt würde sich nun jubelnd auf das neue, von Menschenwillkür unabhängige, unveränderliche und so viel einfachere französische Maßsystem stür-

Die Bürger Frankreichs werden über die neuen metrischen Maße aufgeklärt (Kupferstich um 1800). Das nützte jedoch wenig, das Metersystem wurde vom Volk entschieden abgelehnt

zen, so täuschten sie sich. Nicht einmal ihr eigenes Volk wollte vom metrischen System etwas wissen. Obwohl das Parlament per Dekret die sofortige Einführung des Meters verordnete und jeden mit Strafe bedrohte, der es wagen sollte, seine Waren weiterhin nach den alten royalistischen Maßen anzubieten, scherten sich Frankreichs Bürger einen Teufel darum. Unbeirrt verwendeten sie weiter ihre liebgewonnenen Maße *toise, pied* und *livre*. Als die Behörden das metrische Maßsystem mit Gewalt durchsetzen wollten, weitete sich die Ablehnung zum Volksaufstand aus. Napoleon mußte seinem Volk den Gebrauch der alten Einheiten wieder gestatten. Sein Nachfolger Ludwig XVIII. sah sich sogar gezwungen, die metrische Messung bei Strafe zu verbieten. Erst im Jahr 1840 konnte sich das neue Maßsystem in Frankreich endgültig durchsetzen.

Auch andere Staaten hatten ihre Probleme, das metrische System einzuführen. Als erstes Land stellten im Jahr 1816 die Niederlande um, es folgten Panama und Chile. In der Schweiz wurde das neue System 1868 legalisiert, in Österreich-Ungarn 1871. Im folgenden Jahr ersetzten auch die Deutschen ihre unzähligen landestypischen Maße durch das Meter als Längen- und das Gramm als Gewichtseinheit. Noch länger zögerten andere Länder: Die Sowjetunion folgte 1919, Japan fünf Jahre später, Ägypten und Indien erst nach dem Zweiten Weltkrieg und Kuba 1961. Am schwersten taten sich die angelsächsischen Länder. England hat erst am 1.1.2002 auf das metrische System umgestellt. In den Vereinigten Staaten haben sich die metrischen Maßeinheiten zwar in der Wissenschaft inzwischen weitgehend durchgesetzt. Im Privatleben mag sich der Durchschnittsamerikaner jedoch von den altgewohnten Maßen *inch, foot, mile* und *gallon* nur höchst ungern trennen, er empfindet das metrische Maßsystem schlicht als »unamerican«.

Das Büro im Park von Saint-Cloud

Mit der Industrialisierung vollzog sich in Europa und Amerika ab Mitte des 19. Jahrhunderts ein epochaler Wandel in Wirtschaft und Technik. Die Dampfmaschine nahm dem Menschen die Schwerarbeit ab, Telegraf und Telefon erlaubten die Kommunikation über weite Entfernungen, die Elektrizität hielt Einzug in die meisten Haushalte. Physik und Chemie, Mathematik und die Ingenieurwissenschaften begannen das hergebrachte Weltbild radikal zu verändern. Die weltweite technische Zusammenarbeit verlangte zwingend eine internationale Übereinkunft auf dem Gebiet des Meßwesens. Nicht nur die auf dem metrischen System beruhenden Längen-, Flächen- und Volumenmaße – daraus abgeleitet die Maßeinheiten des Gewichts und der Masse – mußten in allen Industriestaaten vereinheitlicht werden. Neue Gebiete, vor allem das der Elektrizität, erforderten die Festlegung zusätzlicher Maßeinheiten.

Ein erster großer Schritt in Richtung auf ein international gültiges System der Maßeinheiten war die im Jahr 1875 abgeschlossene »Meterkonvention«, an der sich zunächst siebzehn Staaten beteiligten. Sie hatte das Ziel, »die internationale Einigung und die Vervollkommnung des metrischen Systems zu sichern«. In dem Vertrag verpflichteten sich die Unterzeichnerstaaten zur Einrichtung und Unterhaltung eines wissenschaftlichen Institutes, des Internationalen Büros für Maß und Gewicht (BIPM). Bis heute befindet sich dieses Büro im Park von Saint-Cloud bei Paris. Mit Argusaugen wacht es über die Einheitlichkeit der physikalischen Maßeinheiten und bereitet die alle vier Jahre stattfindende Generalkonferenz des Internationalen Komitees für Maß und Gewicht (CGPM) vor.

Das Ende der Pferdestärke

Das Büro im Park von Saint-Cloud hat zwei wichtige Aufgaben. Einmal soll es die moderne Version des metrischen Systems, das Internationale Einheitensystem, weiterentwickeln. Zum anderen muß es die zahlreichen alten, nichtgesetzlichen Maßeinheiten dahin befördern, wo sie hingehören: in die Rumpelkammer des Meßwesens. Elle und Rute, der Scheffel und die Postmeile sind längst schon dort gelandet, und niemand weint ihnen eine Träne nach. Die Gewichtsmaße Pfund und Zentner sind im Handel nicht mehr gestattet. Es ist nur noch eine Frage der Zeit, bis die (bisher noch erlaubten, eher verwirrenden) Doppelbezeichnungen wegfallen, zum Beispiel die Angabe »263 kJ / 63 kcal« in den Nährwerttabellen. Kaum ein Autobesitzer wird sich bei der Angabe der Motorleistung »55 KW / 75 PS« im Kraftfahrzeugbrief beide Zahlenwerte merken und den Umrechnungsfaktor 1 PS = 735,49875 W schon gar nicht. Warum auch sollte er die Stärke des Automotors mit der Stärke eines Pferdes vergleichen? James Watt hatte seinerzeit die Bezeichnung »Pferdestärke« doch nur deshalb gewählt, weil seine ersten Dampfmaschinen die Zugpferde in den Kohlengruben ersetzen sollten.

Das BIPM hat weiter die Aufgabe, dafür zu sorgen, daß die lokalen und länderspezifischen Einheiten durch Maßeinheiten ersetzt werden, die in allen Staaten der Erde in gleicher Weise verstanden und angewendet werden. Auf der 10. Generalkonferenz des CGPM im Jahr 1954 legten die Vertreter aller 40 Staaten, die bis zu diesem Zeitpunkt der Konvention beigetreten waren, zunächst sieben SI-Basiseinheiten fest, nämlich

- das Meter (m) als Einheit der Länge
- das Kilogramm (kg) als Einheit der Masse
- die Sekunde (s) als Einheit der Zeit
- das Ampere (A) als Einheit der elektrischen Stromstärke
- das Kelvin (K) als Einheit der thermodynamischen Temperatur
- das Mol (mol) als Einheit der Stoffmenge und
- die Candela (cd) als Einheit der Lichtstärke

Zwischen 1969 und 1983 einigten sich die Experten dann auf etwa 20 »abgeleitete SI-Einheiten«, wie z. B. Frequenz, Druck, Wärmemenge und elektrischen Leitwert. Die meisten abgeleiteten Einheiten wurden nach dem Nestor des jeweiligen Fachgebiets benannt. Damit führte man eine alte Tradition fort. Bereits 1893 hatte der Internationale Elektrikerkongreß in Chicago beschlossen, den Maßeinheiten des elektrischen Widerstands, der Stromstärke und der Spannung die Namen der großen Pioniere Ohm, Ampère und Volta zu verleihen. Diese Namensgebung hat sich bis heute erhalten, auch wenn ihre Definition bzw. Bedeutung inzwischen mehrfach verändert werden mußte.

Nach der Umsetzung der internationalen Vereinbarungen auf dem Gebiet des Meßwesens in das jeweilige Landesrecht gilt in den europäischen Ländern die internationale Norm ISO 1000, in Deutschland und einigen anderen Ländern beschreibt die Deutsche Industrie Norm DIN 1301 die heute gültigen Maßeinheiten.

»Das neue Maß« wurde zur Grundlage des internationalen, metrischen, dezimalen Maßsystems. Nahezu alle Staaten der Welt verwenden heute das *Système International d'Unités*. In der Praxis hat sich dafür ein von der jeweiligen Landessprache unabhängiges Kurzzeichen durchgesetzt: SI. Der große Vorteil dieses Systems: Sämtliche Umrechnungsfaktoren fallen weg. Alle abgeleiteten Einheiten sind mit den Basiseinheiten ausschließlich über Multiplikation und Division verbunden.

Damit hat die jahrhundertelange Suche nach einem weltweit einheitlichen System ein glückliches Ende gefunden. Das chaotische Durcheinander bei den Maßeinheiten ist beendet. Das einst von den französischen Revolutionären erträumte Ziel eines »für alle Zeiten, für alle Völker« gültigen Längenmaßes namens »Meter« ist nicht nur erreicht, sondern weit übertroffen. Heute mißt alle Welt alles, was meßbar ist, mit den gleichen Maßen.

Ein findiger Wirrkopf

André Marie Ampère (1775–1836), Mitbegründer der Elektrodynamik

André Marie Ampère, französischer Physiker
* 22. Januar 1775 in Lyon
† 10. Juni 1836 in Marseille

Immer wenn in der Welt eine Sicherung durchbrennt, wird seiner gedacht. Für wieviel Ampere war der Stromkreis abgesichert? Aber kaum einer fragt heute noch, woher dieser *terminus electrotechnicus* kommt und wer der Maßeinheit Ampere den Namen gegeben hat.

Der Blick zurück auf das Leben des fast vergessenen Namengebers führt in eine dunkle Periode der Geschichte. In der Jugendzeit von André Marie Ampère waren in Europa noch die Monarchen an der Macht. Es herrschte Willkür und Feudalismus, die Menschen waren bettelarm, dauernd wurde irgendwo Krieg geführt. Dunkel war es aber auch nächtens auf den Straßen, in den Zimmern der Bürgerhäuser. Das trübe Licht der Ölfunzeln gehörte bereits zum gehobenen Wohnkomfort. Elektrizität war nur das, »was die Froschschenkel zum Zucken bringt«. Ampère sollte einen wichtigen Beitrag dafür liefern, daß 100 Jahre später die elektrische Kraft Maschinen antrieb und Glühbirnen zum Leuchten brachte.

Wer war der Mensch, nach dem heute die Maßeinheit der elektrischen Stromstärke benannt ist?

Die SI-Einheit Ampere
Ampere ist die Basiseinheit der elektrischen Stromstärke.

Definition: Das Ampere (A) ist die Stärke eines zeitlich unveränderlichen elektrischen Stromes, der, durch zwei im Vakuum parallel im Abstand 1 Meter angeordnete, geradlinige, unendlich lange Leiter von vernachlässigbar kleinem, kreisförmigem Querschnitt fließend, zwischen diesen Leitern je 1 Meter Leiterlänge die Kraft 2×10^{-7} Newton hervorrufen würde.

Anmerkung: Das auf dem Personennamen liegende Akzentzeichen è fällt bei der SI-Einheit weg. Gelegentlich wird zur Vermeidung von Verwechslungen auch die Abkürzung »Amp« anstelle des Zeichens A verwendet.

Als Sohn des wohlhabenden Seidenhändlers Jean-Jacques Ampère kam André Marie am 22. Januar 1775 in Lyon zur Welt. Als der Junge sieben Jahre alt war, zog die Familie in ihren luxuriös eingerichteten Landsitz im Bergdörfchen Poleymieux. Weil es in der Umgebung keine Schule gab, kümmerte sich der Vater um die Bildung des Sohnes. Er unterrichtete ihn in Sachkunde, Philosophie und Religion. Lesen und Schreiben brachte sich der intelligente Junge selbst bei. Bereits mit zwölf Jahren lernte er die Gesetze der Algebra aus eigener Initiative. Unermüdlich las er alle wissenschaftlichen Bücher, die ihm in die Hände kamen. Einen besonders nachhaltigen Eindruck machte auf ihn die fünfunddreißigbändige Enzyklopädie von Diderot, in der alle damals bekannten Wissensgebiete in Wort und Bild ausführlich beschrieben waren. Noch im Alter kannte er ganze Kapitel dieses Werkes auswendig.

Mit dreizehn Jahren verblüffte André Marie die *Académie de Lyon* mit einem Lösungsvorschlag für die Quadratur des Kreises. An diesem Problem hatten sich schon ganze Generationen von Mathematikern die Zähne ausgebissen. Zwar stellte sich Andrés Lösung später nach eingehender Prüfung als unrichtig heraus, doch hier zeigte sich schon, aus welchem Holz dieser Junge geschnitzt war. Die lateinische Sprache erlernte er in wenigen Wochen ohne fremde Hilfe.

Weil der 14jährige Schwierigkeiten mit der Integration partieller Differentialgleichungen hatte, nahm er Privatunterricht an der Universität von Lyon. Nebenbei belegte er Vorlesungen in Physik und Biologie und entwarf eine Universalsprache auf logischer Basis, ein Vorläufer des Esperanto.

Tod auf dem Schafott

So schien der Lebensweg des jungen André Marie eigentlich schon vorgezeichnet: Er würde die Universität besuchen und später ein stiller Gelehrter werden, der sein Leben zwischen dicken Büchern und verstaubten Herbarien verbringt. Doch das Schicksal wollte es anders. Die Funken der französischen Revolution sprangen auch nach Lyon über. Vater Ampère setzte sich in der ehrenamtlichen Funktion eines Friedensrichters für die königstreuen Girondisten ein und sorgte dafür, daß dem Führer der aufständischen Jakobiner der Prozeß gemacht wurde. Doch plötzlich waren es die Jakobiner, die in Lyon die Macht übernahmen. Der angesehene Seidenhändler wurde verhaftet, vor das Revolutionstribunal gezerrt und nach kurzem Prozeß auf dem Schafott hingerichtet.

Der 18jährige Sohn erlitt einen schweren Schock. In der Trauer um seinen Vater verfiel André in völlige Apathie. Ein ganzes Jahr lang las er keine einzige Zeile mehr, statt dessen spielte er stundenlang wie ein Kleinkind im Sand. Erst durch die Lektüre der Oden von Horaz wurden seine Lebensgeister wieder geweckt – und durch die Liebe zu einem Mädchen aus dem Nachbardorf, das er beim Blumenpflücken getroffen hatte. Drei Jahre warb er um seine Julie, er besang sie in italienischen Versen und widmete ihr seine schwärmerischen Tagebuchnotizen. Doch Julie Caron, Tochter aus gutem Hause, durfte ihn nicht erhören, solange sich der junge Mann nicht zu geregelter Arbeit aufraffen konnte. Erst als Ampère die Stelle eines Privatlehrers für Mathematik übernahm, durfte Hochzeit gefeiert werden. Ein Jahr später wurde ein Sohn geboren. Die glücklichen Eltern gaben ihm den Namen des hingerichteten Großvaters: Jean-Jacques.

*Die Ecole Polytechnique in Paris (beim Besuch von Napoleon 1815). Hier hatte Ampère
eine schlechtbezahlte Stelle als Hilfslehrer inne*

Feuersglut im Herzen

Schon ein Jahr später – Ampère war inzwischen Professor für Physik
an der Zentralschule in Bourg-en-Bresse geworden – starb die junge
Frau an Tuberkulose. Verzweifelt und mutlos wollte der erst 28 jäh-
rige André aus dem Leben scheiden oder in ferne Länder auswan-
dern. Auf gutes Zureden der Familie nahm er schließlich die Stelle eines *répetiteur* an der *Ecole Polytechnique* in Paris an, die erbärmlich
schlecht bezahlt war. Diese Arbeit füllte ihn bei weitem nicht aus,
doch ließ sie ihm wenigstens Zeit, sich mit Fragen der Philosophie
und der Religion zu befassen. Auch von ungelösten Problemen aus
den Fachgebieten Biologie und Chemie, aus der Astronomie und
Psychologie wurde er wochenlang gefesselt. Immer wieder überwäl-
tigt von neuen Ideen, aber unfähig, sich auf eine Sache ganz zu kon-
zentrieren, ließ er sich von einem Thema zum anderen treiben. Nächtelang brütete er über einer mathematischen Formel, stundenlang
erklärte er andern das Weltsystem. Freunde sagten von ihm, er habe
stets »eine Feuersglut im Herzen« gehabt. Ein Biograph beschrieb

Ampères Naturell so: »Sein gewaltiger Geist war wie ein bewegtes Meer, plötzlich türmten sich die Wellen empor, schwimmende Korken und Sandkörner wurden gen Himmel geschleudert ...«

Wenig erfreulich gestaltete sich das Privatleben. Eine zweite Ehe, im Jahr 1806 mit der lebenslustigen, etwas liederlichen Jeanne Potot geschlossen, erwies sich als Katastrophe. Nach wenigen Jahren war er wieder allein. Die Aufgabe, für den Sohn aus erster und die Tochter aus zweiter Ehe zu sorgen, überforderte den grüblerischen und in praktischen Dingen völlig hilflosen Gelehrten. Mutter und Schwester kamen nach Paris und übernahmen die Haushaltsführung.

Zerstreuter Professor

Mit der Ernennung zum Generalinspekteur der Universität Paris im Jahr 1808 waren wenigstens die drängenden materiellen Sorgen behoben. Die mit dem hohen Amt verbundenen Verpflichtungen erfüllte der zerstreute Professor mehr schlecht als recht. Seinem Wesen entsprechend beschäftigte er sich mit Dutzenden von Fragestellungen gleichzeitig: mit dem ungelösten Problem des Parallelenaxioms, mit der Anwendung der Variationsrechnung in der Mechanik, mit der Integration partieller Differentialrechnungen. Arbeiten über die Atomistik, den Bau der Kristalle, die Theorie der Gase und das Boyle-Mariottesche Gesetz schlossen sich an. Mit dem englischen Chemiker Sir Humphry Davy (1778–1829) führte er jahrelang einen Briefwechsel über die chemische Natur der Halogene Chlor, Fluor und Jod und ihre Einordnung in eine

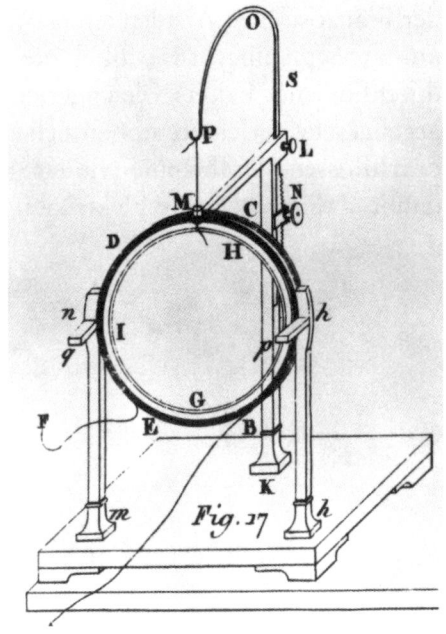

Mit diesem Instrument wies Ampère 1822 die elektromagnetische Induktion nach

homologe Reihe. Eine Zeitlang verschrieb er sich der spekulativen Philosophie, in der Hoffnung, auf diesem Wege schwierige naturwissenschaftliche Probleme besser lösen zu können. Die Vielzahl seiner Interessen und der wenig effektive Arbeitsstil verhinderten zunächst, daß er in irgendeiner Disziplin herausragende Leistungen erzielen konnte.

Dies sollte sich mit einem Schlage ändern. Im Juli des Jahres 1820 erfuhr Ampère beiläufig von der Beobachtung des dänischen Physikers Hans Christian Ørsted (1777–1851), daß eine Magnetnadel durch einen stromdurchflossenen Leiter abgelenkt wird. Dieses nebensächliche, von anderen Physikern bis dahin kaum beachtete Phänomen faszinierte den versponnenen Gelehrten so sehr, daß er alle anderen Arbeitsgebiete vernachlässigte und sich nur noch mit einer Frage beschäftigte: Welche Wechselwirkung besteht zwischen Magnetismus und elektrischem Strom? Er machte Hunderte von Versuchen, um ganz sicher zu sein. In größter Hast – diesmal wollte er endlich der erste sein, der eine wissenschaftliche Neuigkeit verbreitete – schrieb er zwei Aufsätze, die sich mit der bewegten Elektrizität als Quelle der magnetischen Wirkungen befaßten. In einem Vortrag vor der Französischen Akademie der Wissenschaften berichtete Ampère am 25. September 1820 über die Wechselwirkung zweier stromdurchflossener Leiter: Gleichgerichtete Ströme ziehen sich an, entgegengesetzt gerichtete stoßen sich ab. Er zeigte, daß sich eine stromdurchflossene Drahtspule wie ein Stabmagnet verhält, und bewies damit, daß die bewegte Elektrizität den Magnetismus erzeugt. Am-

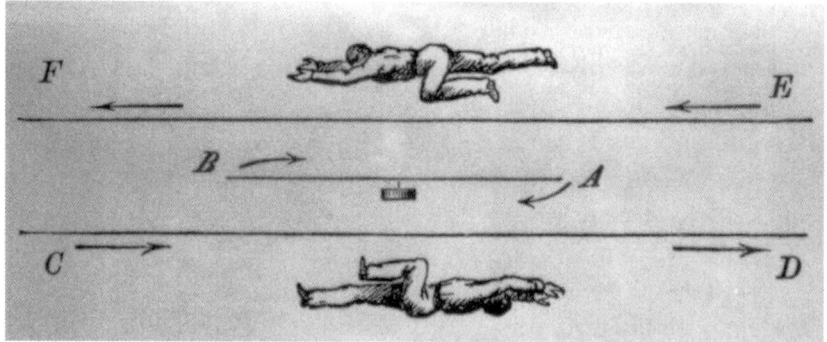

Die von Ampère aufgestellte »Schwimmer-Regel«: Ein Schwimmer, der mit dem Strom schwimmt, zeigt mit der rechten Hand in die Richtung, in die der Nordpol des Magneten abgelenkt wird

père stellte zum erstenmal einen Zusammenhang her zwischen zwei physikalischen Erscheinungen, die man bis dahin für völlig unabhängig gehalten hatte.

Den Elektromagnetismus erforscht

Volle sieben Jahre hielt ihn dieses Phänomen gefangen. In dieser Zeit entwickelte der Wissenschaftler, dem Elektrizität und Magnetismus bis dahin ziemlich fremd gewesen waren, ein völlig neues und bedeutendes Teilgebiet der Physik: das theoretisch und experimentell abgesicherte Gebäude des Elektromagnetismus.

In diesen sieben fruchtbaren Jahren stellte Ampère eine Fülle von Theorien auf, so die Hypothese der »Ampèreschen Molekularströme«, wonach jedes Molekül von ringförmigen Strömen umgeben sein sollte, deren mikroskopisch kleine Wirkungen sich zum makroskopischen Magnetismus addieren. Diese Annahme war zunächst sehr umstritten. Mehr als hundert Jahre später war jedoch der Beweis erbracht, daß Ampères Vorstellungen prinzipiell richtig waren: Der Ferromagnetismus setzt sich aus den Spinmomenten der Elektronen zusammen. Große Bedeutung gewann ein von Ampère entwickeltes Meßinstrument, bei dem eine frei beweglich angebrachte Magnetnadel die Stromstärke anzeigte. Es wurde später in verbesserter Form als Galvanometer bezeichnet und ist noch heute eines der wichtigsten Meßinstrumente der Elektrotechnik.

In seinem großen, abschließenden Werk *Über die mathematische Theorie elektrodynamischer Erscheinungen, allein aus dem Experiment abgeleitet* entwickelte André Marie Ampère 1826 eine umfassende Theorie der elektrischen Erscheinungen. Hier formulierte er erstmals die noch heute gültigen Begriffe »Strom« und »Spannung«, hier beschrieb er die Wirkungsweise des Galvanometers und des Elektromagneten. In Anspielung auf Newtons Grundlagenwerk über die Mechanik *Principia* erhielt Ampères Werk später den Ehrentitel *Principia der Elektrodynamik*.

Die gequälte Seele

So sah sich Ampère selbst

In den letzten Jahren seines Lebens kehrte der unruhige Geist zu seinen alten Gewohnheiten zurück. Sein Arbeitsstil wurde wieder unsystematisch. Von plötzlichen Eingebungen gepackt, wechselte Ampère sprunghaft von einer Fragestellung zur anderen. Unter dem Eindruck von Emanuel Kants Kategorienlehre *Kritik der reinen Vernunft* setzte er sich mit erkenntnistheoretischen Betrachtungen auseinander. Ein Zeitgenosse charakterisierte den wunderlichen Gelehrten so: »Leidenschaftlich in seinen Überzeugungen und Zweifeln, bietet Ampère stets das Bild einer mystischen und gequälten Seele.« Immer weniger gelang es ihm, sich seinen Mitmenschen verständlich zu machen. Darüber verfiel er in tiefe Melancholie. Mehr und mehr wurde der liebenswürdige, sensible und poetisch veranlagte Gelehrte zur Zielscheibe des Gespötts. Zahlreiche Anekdoten ranken sich um seine Zerstreutheit. Man amüsierte sich darüber, daß Ampère im Feuereifer seines Vortrags vor der Französischen Akademie den direkt vor ihm sitzenden Kaiser Napoleon nicht erkannt und ihn keines Grußes gewürdigt hatte. Der Kaiser nahm es ihm nicht übel, sondern lud den berühmten Gelehrten für den nächsten Tag zum Mittagessen ein. Napoleon wartete umsonst: Über seiner Arbeit hatte Ampère die Verabredung vergessen.

Die letzte große Aufgabe, die Ampère im Jahr 1834 in Angriff nahm, war der Versuch, die Gesamtheit der wissenschaftlichen Kenntnisse in ein umfassendes Ordnungsschema zu gruppieren. Das an sich wohldurchdachte philosophische Alterswerk fand bei der Fachwelt jedoch keine Resonanz, im Gegenteil: Von seinen Kollegen erntete der Autor nur Spott und ablehnende Kritik. Die letzten Lebensjahre waren geprägt von Armut und Krankheit. Auf einer Reise

in die Provence, von der er sich eine Besserung seines »Lungenka-
tarrhs« versprochen hatte, verschlimmerte sich sein Zustand. Während eines Besuches der Universität von Marseille starb Ampère am
10. Juni 1836, erst 61 Jahre alt, nach einem plötzlichen Fieberanfall.
Dreißig Jahre später wurde sein Sarg nach Paris überführt und unter
großen Ehren auf dem Friedhof von Montmartre beigesetzt. Das
Elternhaus in Poleymieux wurde zu einem »Ampère-Museum« umgebaut.

Ein Denkmal der besonderen Art wurde Ampère im Jahr 1881
von den Teilnehmern des in Paris tagenden »Electrischen Congres-
ses« gesetzt. Auf Vorschlag des deutschen Physikers Hermann von
Helmholtz (1821–1894) wählte man für die Einheit der elektrischen
Stromstärke die Bezeichnung »Ampere«. So wurde der Name des un-
steten, vom Glück verlassenen französischen Forschers zu einem in
aller Welt bekannten *Terminus technicus*.

Das ungenießbare Mittagsmahl

André Marie Ampère war geradezu der Inbegriff eines zerstreuten
Professors. Immer in tiefen Gedanken versponnen, ständig mit physikalischen Problemen beschäftigt, nahm er sein Umfeld oft kaum
noch wahr. Eine hübsche Anekdote illustriert dies:

Nach einer Vorlesung wurde er einmal von einem befreundeten
Professor eingeladen, bei dessen Familie zu Mittag zu speisen. Als
sich das Mahl etwas verzögerte, nutzte Ampère die Zeit, um in seinem Notizbuch eine Formel nachzurechnen.

Noch ganz in Gedanken, setzte er sich zu Tisch, aß einige Bissen,
schleuderte die Serviette auf den Tisch und schimpfte: »Das Essen
ist ja wieder einmal nicht zu genießen! Wann wird meine Schwester
endlich einsehen, daß jede Köchin, bevor man sie einstellt, erst eine
Kostprobe ablegen muß?« Ampère hatte völlig vergessen, daß er
nicht zu Hause speiste, sondern zu Gast war bei einem Kollegen.

Er brachte ein Weltbild ins Wanken

Antoine Henri Becquerel (1852–1908), Entdecker der natürlichen Radioaktivität

Henri Antoine Becquerel,
französischer Physiker
* 15. Dezember 1852 in Paris
† 25. August 1908 in Le Croisic (Bretagne)

Namen seien nur Schall und Rauch, meint Goethe in *Faust I*. Ob er sich da nicht geirrt hat? Der Name Becquerel jedenfalls ist geradezu ein Synonym für eine Naturerscheinung, die weder Schall noch Rauch hinterläßt. Im Gegenteil: Sie ist absolut lautlos und unsichtbar und gerade deshalb so unheimlich.

Antoine Henri Becquerel hat die natürliche Radioaktivität entdeckt und damit die moderne Atomphysik begründet. Sein Name ist heute in aller Munde, weil er 1985 – sozusagen als Nachfolger von Marie Curie, der berühmten französischen Chemikerin polnischer Herkunft, die den ersten radioaktiven Stoff isoliert hat, das Radium – in den Rang einer Maßeinheit erhoben wurde.

Wer war dieser Monsieur Becquerel? Wie kam er zu jener Entdeckung, die seinen Namen unsterblich machte, weil sie ein bis dahin als unumstößlich geltendes Weltbild verändert hat?

Antoine Henri Becquerel war ein Mann von zierlicher Statur und gepflegtem Äußeren. In der besten Wohnlage von Paris, nahe den Champs Elysées, bewohnte er eine prächtige Villa. Die herrschaftlichen Räume waren mit wertvollem altem Mobiliar und feinen Gobelins, mit chinesischem Porzellan und kostbaren Gemälden ausgestattet. Am *Muséum National d'Histoire Naturelle* war er der führende Physiker. Seine Schüler bewunderten seine Eloquenz, die Fachkollegen schätzten seine Kompetenz. In ganz Frankreich galt er als großer Wissenschaftler, im Ausland wurde sein Name jedoch kaum bekannt.

78 Jahre nach seinem Tod begann seine zweite Karriere. Sie machte ihn weltberühmt, wenn auch in einer wenig rühmlichen Weise. Sein Name wurde geradezu zu einem Synonym für unsichtbare Gefahr und allgegenwärtiges Unheil. Wenn er genannt wurde, dann mit besorgtem Gesicht und oft im Zusammenhang mit Milchpulver, Haselnüssen und Pilzen. Nach dem Reaktorunglück von Tschernobyl 1986 stand der Name des französischen Physikers Becquerel im Mittelpunkt heftiger Diskussionen über Nutzen und Gefahren der Kernenergie. Die Maßeinheit der Radioaktivität erlangte plötzlich eine ungeheure, wenn auch fragwürdige Popularität. Selten wurde eine Maßeinheit so oft – und meist auch so falsch – zitiert.

Verdächtiges Glimmen am Leuchtschirm

Antoine Henri Becquerel, geboren am 15. Dezember 1852 in Paris, entstammte einer alten Gelehrtenfamilie. Vater und Großvater gehörten zu den führenden Physikern Frankreichs, und so lag es nahe, daß Henri in ihre Fußstapfen treten und ebenfalls Physiker werden sollte. Nach dem Lyzeum wurde er an der Eliteschule *Ecole Polytechnique* für seine spätere Aufgabe als Lehrer und Wissenschaftler ausgebildet. Weitere drei Jahre widmete er sich an der *Ecole des*

Die SI-Einheit Becquerel
Das Becquerel ist die Einheit der Aktivität einer radioaktiven Strahlungsquelle.
Definition: 1 Becquerel (Bq) ist die Aktivität einer radioaktiven Strahlungsquelle, bei der sich im zeitlichen Mittel von 1 Sekunde 1 Atomkern eines Nuklides umwandelt.

$$1 \text{ Bq} = 1 \text{ / s}$$

Ponts et Chaussées dem Studium des Brücken- und Straßenbaus. Es folgte die übliche akademische Laufbahn: Assistent an der *Ecole Polytechnique,* Lehrstuhl für Physik an der *Ecole des Arts,* Chefingenieur in einem Ministerium. Von 1891 an bekleidete er, in direkter Nachfolge seines Großvaters und seines Vaters, die beiden Lehrstühle für Physik am *Musée d'histoire naturelle* und am *Conservatoire Nationale des Arts et Métiers* in Paris. Bis an sein Lebensende war Becquerel auch für die Ausbildung des Physikernachwuchses an der *Ecole Polytechnique* verantwortlich.

Wilhelm Conrad Röntgen, Professor an der Universität Würzburg, der mit den X-Strahlen den Anlaß gab für Becquerels Untersuchung der Uransalze

Schon als 24jähriger bearbeitete Becquerel eigenständig neue Forschungsgebiete. Dabei entdeckte er die infraroten Banden im Spektrum des Sonnenlichts und die Drehung der Polarisationsebene des Lichtes im Magnetfeld. Es folgten Arbeiten über die Sonnentemperatur und den Magnetismus bei Nickel und Kobalt. Jahrelang beschäftigte er sich mit den eigentümlichen Phänomenen der Lumineszenz und der Phosphoreszenz. Sie führten ihn schließlich zu jener Entdeckung, die seinen Namen später unsterblich machen sollte.

Am 8. November 1895 hatte Wilhelm Conrad Röntgen (1845–1923), Professor für Physik an der Universität Würzburg, wieder einmal mit Kathodenstrahlen experimentiert. Dabei entdeckte er auf einem im gleichen Zimmer stehenden Leuchtschirm zufällig ein schwaches Glimmen. Er ging dieser Erscheinung nach und fand, daß sie von einer unbekannten Strahlung herrührte, die auf der Erde nicht natürlich vorkommt. Es war eine ganz ungewöhnliche elektromagnetische Strahlung. Sie war so energiereich, daß sie scheinbar widerstandslos durch Eichentüren und dicke Bücher, sogar durch Metallplatten hindurchging. Röntgen war völlig überrascht und wußte nicht, was er von diesen unbekannten Strahlen halten sollte. Er bat einige Kollegen um Rat, auch den berühmten französischen Mathematiker und Wissenschaftsphilosophen Henri Poincaré (1854–1912). Dieser hielt am 20. Januar 1896 vor der Pariser *Académie des Sciences* einen Vortrag über den damaligen Stand der Naturwissenschaften. Dabei konnte er von der Existenz neuer Strahlen berichten, die den menschlichen Körper durchdringen, so daß die Skelettknochen sichtbar werden. Als Beweis zeigte Poincaré den verblüfften Zuhörern eine von Röntgen selbst angefertigte fotografische Aufnahme, auf der die Handknochen von Frau Röntgen abgebildet waren.

Indiskrete Strahlen

Die Nachricht von den geheimnisvollen Strahlen – Röntgen selbst bezeichnete sie als »X-Strahlen«, weil sie sich in das bestehende Lehrgebäude der Physik nicht einordnen ließen – war eine wissenschaftliche Sensation. Nicht nur die Gelehrten diskutierten sich die Köpfe heiß. Wochenlang beherrschten die

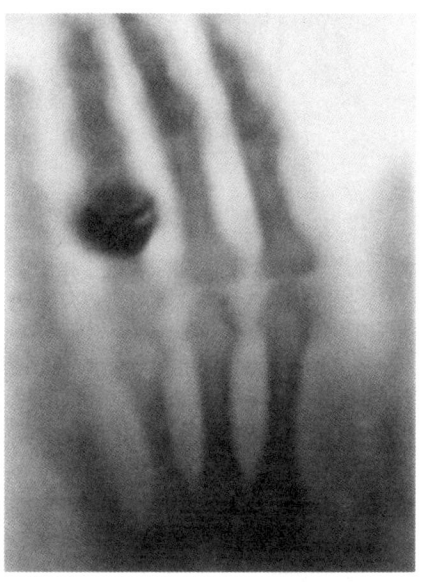

Die Handknochen von Frau Bertha Röntgen, aufgenommen am 22. Dezember 1895 (die erste Röntgenaufnahme der Geschichte)

Strahlen auch die Schlagzeilen der Gazetten, in den Salons der feinen Gesellschaft waren sie das Lieblingsthema der Saison. Die Phantasie trieb seltsame Blüten, windige Geschäftemacher witterten ihre große Chance. Eine Pariser Firma bot eine Spezialbrille an, die angeblich in der Lage war, mit Hilfe der indiskreten Strahlen die Kleidung zu durchdringen. Im Gegenzug propagierte eine Londoner Firma »X-Strahlen-sichere Dessous« für die Damen.

Doch zurück zu dem denkwürdigen Akademievortrag. Unter den Zuhörern befand sich auch Henri Becquerel. Aufmerksam hatte er die vom Vortragenden geäußerte Vermutung registriert, daß mögli-

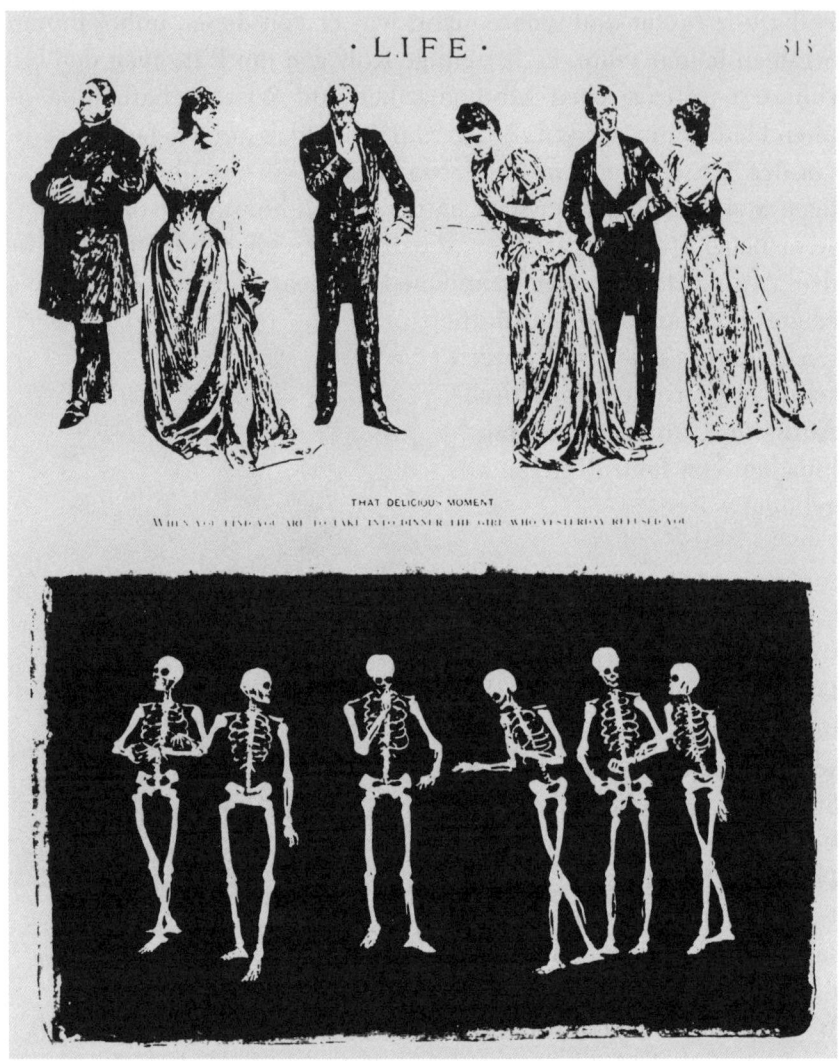

Selbst die renommierte Zeitschrift Life *zeigte ihren Lesern die »aussichtsreichen« Einblicke mit Hilfe der X-Strahlen. Eine Abendgesellschaft, fotografiert einmal mit einem normalen Plattenapparat, unten mit Hilfe der Röntgenstrahlen*

cherweise jede elektromagnetische Strahlung, also auch das Licht, fluoreszierendes Material zur Abgabe von X-Strahlen anregen könne. Professor Becquerel, anerkannter Fachmann auf dem Gebiet der Fluoreszenz, kam diese Hypothese reichlich unwahrscheinlich vor. Er beschloß, am nächsten Tag sofort die Probe aufs Exempel zu machen. Eine Reihe unbelichteter Fotoplatten verpackte er in schwarzes, lichtdichtes Papier und legte auf jedes Päckchen ein Kreuz aus reinem Kupfer. Dann nahm er aus dem Laborschrank diejenigen Salze, die nach seiner Erfahrung am Licht fluoreszieren, streute sie einzeln auf die verschiedenen Päckchen und legte diese für einen Tag an die Sonne. Das Ergebnis war, wie er vermutet hatte, durchweg negativ. Mit einer Ausnahme: Auf einer einzigen Fotoplatte zeigte sich nach dem Entwickeln tatsächlich der schwache Schatten eines Kreuzes. Die Platte war mit einem Uransalz beschichtet gewesen.

Geheimnisvolles Salzlicht

Als kritischer und systematischer Experimentator wollte sich Becquerel nicht auf einen einzigen Versuch verlassen. Er präparierte weitere Fotoplatten mit Uransalz und legte sie, weil der Himmel bewölkt war, in eine Schublade, um auf besseres Wetter zu warten. Sicherheitshalber prüfte er nach ein paar Tagen, ob die Platten noch in Ordnung waren. Dabei bemerkte er zu seiner Überraschung, daß auf

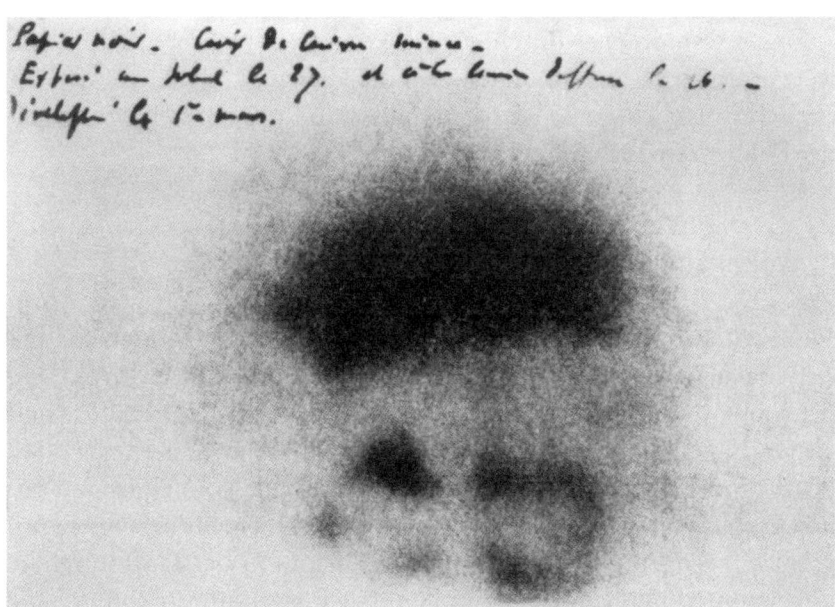

Die Schwärzung dieser Fotoplatte läutete das Atomzeitalter ein. In der unteren Hälfte die vagen Umrisse des Kupferkreuzes, oben eine handschriftliche Notiz des Entdeckers

einer Platte wieder das Kreuz zu sehen war, sogar viel deutlicher, und das, obwohl diese Platte überhaupt nicht in der Sonne gelegen hatte. Woher konnte die Schwärzung stammen, etwa von dem Uransalz selbst? Mit größter Sorgfalt durchgeführte weitere Untersuchungen lieferten den Beweis: Alle Uransalze, auch das reine Uranmetall, senden eine Strahlung aus, welche die Fotoplatten sogar in absoluter Dunkelheit schwärzen. Becquerel hatte durch Zufall, Scharfsinn und Wachsamkeit die natürliche Radioaktivität entdeckt.

Daß diese Zufallsentdeckung eine neue Epoche der Menschheit einleiten würde, nämlich das Atomzeitalter, das konnte Becquerel nicht ahnen. Ihm war noch nicht einmal der Begriff »Radioaktivität« bekannt. Das von ihm beobachtete Phänomen betrachtete er als eine Art »langlebige Fluoreszenz«, eine Strahlung, die kurioserweise von einem Metallsalz ausging. Die Wissenschaft kannte ja schon mehrere Strahlenarten, die Radiowellen beispielsweise und das Sonnenlicht, das Leuchten der Glühwürmchen und das Phosphoreszieren verfaulenden Holzes. Warum sollte es nicht auch eine Art »Salzlicht« geben? Am 2. März 1896 berichtete Becquerel vor der *Académie des Sciences* über die Entdeckung einer natürlichen Strahlung des Elements Uran, welche ebenso wie die X-Strahlen des Herrn Kollegen Röntgen feste Körper durchdringen konnte. In mehreren Aufsätzen legte er weitere Beobachtungen über die »Becquerelstrahlen« vor. Als ein Echo ausblieb, verlor er das Interesse und wandte sich wieder seiner Fluoreszenzforschung zu.

Woher kommt die Energie?

Vielleicht wäre seine Entdeckung in Vergessenheit geraten, hätten sich die aus Polen stammende Marya Sklodowska (1867–1934) und der französische Physiker Pierre Curie (1859–1906), ihr Kollege und späterer Ehemann, nicht gefragt, woher denn die zwar geringen, aber deutlich meßbaren Energiemengen stammen, die vom Uran und seinen Verbindungen unablässig ausgestrahlt werden. Sie arbeiteten ungeheure Mengen uranhaltiger Pechblende auf in der Hoffnung, die unbekannte Energiequelle zu finden. Nach zwei Jahren konnten die beiden Forscher in den *Comptes Rendus* verkünden, daß sie aus 8000 kg Pechblende ein knappes Gramm eines neues Elementes iso-

École
Polytechnique.

2ᵉ Division.

On a découvert, en 1896, que l'uranium métallique et tous les sels de ce métal, émettaient un rayonnement dont plusieurs propriétés sont analogues à celles des rayons de Röntgen. Le rayonnement de l'uranium impressionne les plaques photographiques au travers de divers corps opaques pour la lumière, et provoque la décharge des corps électrisés en rendant conducteurs les gaz qui les entourent. Ce rayonnement paraît spontané, car il se maintient avec une intensité sensiblement constante dans des corps conservés depuis deux ans à l'abri de toute excitation connue, sans que l'on ait pu reconnaître à quelle source ces corps empruntent l'énergie qu'ils rayonnent sans cesse.

L'émission se compose de deux parties distinctes : une émanation qui est arrêtée par le verre, et un rayonnement qui se propage en ligne droite au travers du verre, des métaux et d'autres corps opaques ; une partie, déviable par un champ magnétique, est constituée par des rayons cathodiques, que l'on peut assimiler à des masses matérielles très faibles, chargées d'électricité négative, et animées d'une vitesse de l'ordre de la vitesse de la lumière. Une autre partie est formée de rayons très peu déviables, ne comportant comme s'ils étaient chargés d'électricité positive. Ces rayons sont arrêtés par une feuille de papier ; Enfin une troisième espèce des rayons n'est pas déviable par un champ magnétique et traverse des épaisseurs métalliques de plusieurs centimètres. Ces rayons non déviables ont des propriétés analogues à celles des rayons X. L'origine de l'énergie rayonnée par ces corps est encore inconnue.

H. Becquerel, Professeur

Der Brief an die französische Akademie, in dem Becquerel seine Entdeckung beschreibt

liert hatten, von dem eine extrem starke Strahlung ausging. Das Element solle den Namen »Radium« – das Strahlende – erhalten.

Die Entdeckung des Radiums brachte das hergebrachte Weltbild der Wissenschaft ins Wanken. Der Beweis war erbracht, daß die Atome eben nicht »atomos«, d. h. unteilbar, sind. Sie mußten aus noch kleineren Partikeln aufgebaut sein. Nun war Becquerels Interesse an den Uransalzen wieder geweckt. Er fand heraus, daß die radioaktiven Strahlen imstande waren, Gase zu ionisieren und elektrisch leitend zu machen. Das war insofern eine wichtige Entdeckung, als man nun diese Strahlen auch messen konnte, nämlich mit einem ganz einfachen Goldplättchen-Elektroskop.

Das vergessene Glasröhrchen

Für die Entdeckung der Radioaktivität erhielt Henri Becquerel im Jahr 1903 den Nobelpreis für Physik, gemeinsam mit dem Ehepaar Curie. Eigentlich hätten diese drei Forscher auch den Nobelpreis für Medizin verdient gehabt: Unabhängig voneinander entdeckten sie die physiologischen Wirkungen der radioaktiven Strahlen auf das lebende Gewebe, und zwar am eigenen Körper. Von Marie Curie persönlich hatte Becquerel anläßlich eines Besuches einige Milligramm Radium erhalten. Das achtlos in die Westentasche gesteckte Glasröhrchen hatte er bereits vergessen, als sich nach einigen Tagen an seinem Körper schwere Verbrennungen zeigten. Marie Curie, der er von seiner Vergeßlichkeit und ihren schmerzhaften Folgen erzählte, gestand, daß auch sie Verbrennungen an den Händen erlitten habe, als sie ungeschützt mit Radiumpräparaten gearbeitet hatte. Ihr Ehemann Pierre Curie griff dieses bis dahin unbekannte Phänomen auf und bestätigte durch einen Selbstversuch die zerstörende Wirkung der radioaktiven Strahlen auf biologisches Gewebe. Die gemeinsame Veröffentlichung der drei Forscher hatte zur Folge, daß sich drei Jahrzehnte später die Strahlentherapie des Krebses allgemein durchsetzen konnte.

In seinen letzten Lebensjahren wurde Becquerel mit zahlreichen Preisen und Medaillen geehrt. Ausländische Akademien ernannten ihn zu ihrem Mitglied. Die *Académie des Sciences* wählte ihn 1908 zum Präsidenten und Sekretär auf Lebenszeit. Doch schon sechs Wochen später, am 25. August 1908, starb Becquerel im Alter von 56 Jahren auf seinem Landsitz Le Croisic in der Bretagne an den Folgen der Strahlenschäden, die er sich bei der Arbeit mit den radioaktiven Uransalzen zugezogen hatte.

Dunkle Vorahnung

War sich Henri Becquerel über die Folgen seiner epochalen Entdek-
kung im klaren? Daß er sie zumindest geahnt hat, geht aus einer
Äußerung hervor, die er gegen Ende seines Lebens machte: »Ob die
Wissenschaft schließlich so weit fortschreiten wird, daß sie die praktische Verwendung des ungeheuren Energievorrats zu nutzen ver-
mag, dies ist eine Frage, auf die nur die Zukunft antworten kann. Man
möge aber daran denken, daß die Elektrizität in den Anfängen der
Forschung auch nur als reine Spielerei angesehen wurde, zu nichts
nütze, als Kinder zu unterhalten, indem sie mit einer geriebenen
Siegellackstange Papierschnitzel anzuziehen versuchen.«

Siedendheiß und bitterkalt

Die Temperaturskala des Anders Celsius (1701–1744)

Anders Celsius, schwedischer Astronom
* 27. November 1701 in Uppsala
† 25. April 1744 in Uppsala

»Nachts Frost bis minus fünf Grad, Temperaturen tagsüber ansteigend auf Werte zwischen vier und acht Grad.« Täglich hören wir solche Informationen im Wetterbericht, und jeder weiß sofort Bescheid: Es handelt sich um Celsius-Grade.

In den USA hätte diese Ansage eine ganz andere Bedeutung, denn dort werden die Temperaturen bekanntlich nicht in »Grad Celsius« (°C), sondern in »Grad Fahrenheit« (°F) gemessen.

Nochmals anders müßte der Wetterbericht im wissenschaftlichen Sprachgebrauch lauten: »Nächtliche Tiefsttemperaturen bis 268,13 Kelvin ...«. Die international festgelegte Maßeinheit der »thermodynamischen« Temperatur ist nämlich das »Kelvin«.

Man sieht: Die Bezeichnung »Grad« ist ohne Zusatz keineswegs eindeutig. Es gibt ohnehin ja noch zahlreiche andere Gradeinteilungen: Die geographische Länge und Breite, der Winkel, das Mostgewicht, die Härte der Edelsteine – alles wird in Graden gemessen.

Nach diesem Exkurs in die ähnlich klingenden, aber total verschiedenartigen Fachgebiete Meteorologie (Wetterkunde) und Metrologie (Maß- und Gewichtskunde) kehren wir zurück zum Namen Celsius. So vertraut uns das Temperaturmaß »Grad Celsius« auch ist, so wenig bekannt dürfte für die meisten das Leben des Mannes sein, der dieser häufig benutzten Maßeinheit seinen Namen gab.

Erbliches Interesse für Mond und Sterne

Anders Celsius, 1701 in Uppsala geboren, wuchs mit den Gestirnen auf. Schon als Zehnjähriger kannte er die Namen der Sternbilder, mit dem Fernrohr seines Vaters betrachtete er die Mondkrater und wartete in den Augustnächten auf Sternschnuppen. Dieses bei Kindern seines Alters eher ungewöhnliche Interesse hatte er geerbt: Sowohl der Vater, Nils Celsius, als auch die beiden Großväter waren Professoren der Astronomie an der ältesten schwedischen Universität in Uppsala, einer Kleinstadt von (damals) 3000 Einwohnern.

Als Anders Celsius die Schule verließ, war er schon fast ein perfekter Sternenkundler. Daß er später Astronomie studieren würde, war für ihn selbstverständlich. Der Vater, der keine allzu guten Erfahrungen mit den Universitäten gemacht hatte, wollte jedoch, daß der Junge im Staatsdienst Karriere machte. Dafür war ein Jurastudium das beste Sprungbrett.

Widerwillig gehorchte der Sohn, doch seine Vorliebe für Mathematik und Naturwissenschaften war stärker als das väterliche Machtwort. Zusammen mit einem Freund vergnügte er sich in der Freizeit an physikalischen, arithmetischen und meteorologischen Aufgabenstellungen. Am liebsten frönte er seinem Hobby, der Sternbeobachtung. Schwankend zwischen der Juristerei und seinen Liebhabereien, zog sich sein Studium fast zehn Jahre dahin. Als Celsius seine Promotionsschrift vorlegte, handelte diese nicht von Paragraphen, sondern von der Drehbewegung des Mondes. Im Alter von 28 Jahren wurde Anders Celsius zum Professor der Astronomie ernannt. Seine Vorlesungen über die »astronomische Beobachtungskunst« waren sehr beliebt und stets überfüllt.

Zwei Jahre auf großer Tour

Um seinen Studenten nicht nur die Theorie, sondern auch die Praxis der Sternbeobachtung vermitteln zu können, stellte Celsius den Antrag, an der Universität Uppsala ein mit den modernsten Instrumenten ausgestattetes Observatorium zu bauen. Nur so könne Schweden künftig mitreden, wenn es um die »Sternenkunst« gehe. Nach langen Verhandlungen genehmigte der König den Antrag und dazu das Geld für eine Auslandsreise. Zwei Jahre lang sollte sich Professor Celsius an den bedeutendsten europäischen Sternwarten über den neuesten Stand der Astronomie und der astronomischen Instrumente informieren.

Für Celsius, damals 29 Jahre alt, war die *grand tour* die Chance seines Lebens. Seine erste Station war Berlin; hier blieb er fast ein Jahr. Dabei hatte er das Glück, eine partielle Sonnenfinsternis beobachten und dokumentieren zu können. Am Observatorium in Nürnberg bestimmte er die geographische Breite der Stadt. Dann reiste er weiter an die damals berühmte Gelehrtenuniversität Altdorf in Franken und nützte dort die Zeit, um eine Abhandlung über »316

Die Einheit Celsius
Nach dem Gesetz über die Einheiten im Meßwesen (siehe DIN 1301) ist die SI-Basis-Einheit der »Thermodynamischen Temperatur« das Kelvin (K). Als »besonderer Name« für die SI-Temperatureinheit (genauer als Differenz zwischen zwei thermodynamischen Temperaturgraden) ist auch die Angabe in »Grad Celsius« (°C) zugelassen.

Temperaturskalen nach	Kelvin	Celsius	Fahrenheit	Réaumur
Siedepunkt des Wassers	373,15 K	+100 °C	+212 °F	+80 °R
Körpertemperatur des Menschen	310,15 K	+37 °C	+98,6 °F	+29,6 °R
Schmelzpunkt des Eises	273,15 K	±0 °K	+32 °F	±0 °R
absoluter Nullpunkt	±0 K	−273,15 °C	−459,67 °F	−218 °R

Beobachtungen des Nordlichts« zu schreiben. Es war eine erste zusammenfassende Beschreibung der eigentümlichen Lichterscheinun-
gen in der Polarregion (»aurora borealis«). Sein weiterer Weg führte
ihn nach Venedig und Padua, dann für sieben Monate nach Bologna,
wo er Messungen zur Bestimmung der Ekliptik der Erde durchführ-
te. In der Sommerresidenz des Papstes in Rom, dem Quirinalspalast,
machte er Messungen über die Intensität des Mondlichts. So verbrei-
terte er systematisch sein Wissen auf den verschiedensten Gebieten
der Geographie und Astronomie.

In Paris, der letzten Station seiner Reise, wollte sich Celsius mit
den neuesten Sternbeobachtungen vertraut machen. Doch die französischen Gelehrten hatten keine Zeit für ihn, es herrschte große Auf-
regung. Bei einer Gedächtnisveranstaltung für den verstorbenen englischen Physiker Isaac Newton (1643–1727) hatte sich eine heiße
Diskussion an dessen Hypothese entzündet, die Erde habe keine ideale Kugelgestalt. Infolge der Zentrifugalkräfte müsse die Erdkugel
am Äquator ausgebuchtet sein, also ein »abgeplattetes Rotationsel-
lipsoid« darstellen. Warum diese These auf so großen Widerstand
stieß, wird verständlich vor dem Hintergrund, daß kurz zuvor französische Wissenschaftler bekanntgegeben hatten, die Erde habe die
Form einer Melone, mit Ausbuchtungen an den Polen. Da das Verhältnis zwischen den (zu dieser Zeit überlegenen) englischen Universitäten und den aufstrebenden französischen Gelehrtenschulen nicht
gerade das beste war, prallten die Meinungen hart aufeinander. In Paris wollte man nicht wahrhaben, daß die Engländer in Isaac Newton
den alles überragenden Physiker besaßen.

Umrechnung der Temperaturangaben

Celsius (°C)	$t\,°C$	$=$	$\frac{9}{5}\,t + 32\,°F$	$=$	$\frac{8}{10}\,t\,°R$
Réaumur (°R)	$t\,°R$	$=$	$\frac{10}{8}\,t\,°C$	$=$	$\frac{9}{4}\,t + 32\,°F$
Fahrenheit (°F)	$t\,°F$	$=$	$\frac{5}{9}\,(t-32)\,°C$	$=$	$\frac{4}{9}\,(t-32)\,°R$

Expedition zum Polarkreis

Wer wollte Newtons Theorie der »äquatorialen Ausbuchtung« beweisen, wer widerlegen? Wenn die Erde an den Polen abgeplattet ist, müßte der »waagrechte« Erddurchmesser auf Höhe des Äquators etwas größer sein als der »senkrechte« von einem Pol zum anderen. Die einzige Möglichkeit, Klarheit zu schaffen, bestand darin, den Abstand zwischen zwei Breitenkreisen genau zu vermessen, einmal in der Nähe des Äquators und zum Vergleich einen anderen Meridianabschnitt möglichst weit im Norden. Die französische Akademie der Wissenschaften rüstete zwei wissenschaftliche Expeditionen aus. Die eine sollte nach Peru reisen, die andere in ein Land nördlich des Polarkreises. Celsius schlug vor, diese Expedition nach Lappland zu entsenden. Er erklärte sich bereit, an dem Unternehmen selbst teilzunehmen, was gerne akzeptiert wurde, da er sich inzwischen einen guten Ruf als Astronom erworben hatte und außerdem die Landessprache beherrschte.

Nach einjähriger Vorbereitungszeit wurde im Mai 1736 das kühne Vorhaben gestartet. Von Dünkirchen aus stach das Segelschiff »Prudent« in See, mit dem Ziel Tornio am Bottnischen Meerbusen. Unter Führung des französischen Physikers Pierre de Maupertuis (1698–1759) – er wurde später wissenschaftlicher Berater Friedrichs des Großen – hatten sich an Bord führende Mathematiker, Geographen und Vermessungsspezialisten versammelt, unter ihnen auch der Astronom Anders Celsius.

Unzuverlässige Thermometer

Die exakte Vermessung des etwa 100 km langen Meridianbogens nördlich der Hafenstadt Tornio stellte die Expeditionsteilnehmer vor unerwartet große Schwierigkeiten. Das unwegsame, fast unbewohnte Gelände, die Überwindung hoher, schneebedeckter Berge und reißender Flüsse, die bittere Kälte im Winter und die Schnakenplage im Sommer, die lokalen Kompaßstörungen und vor allem die schlechten Lichtverhältnisse während der Polarnacht brachten Anders Celsius und seine Begleiter mehr als einmal an den Rand der Verzweiflung. Es dauerte mehr als ein Jahr, bis die Expedition zu ihrem Schiff nach

Tornio zurückkehren konnte. Ein wichtiges Kapitel der Erdvermessung war abgeschlossen und der Beweis erbracht: Newton hatte recht, die Erde ist keine Kugel, sondern an den Polen abgeplattet. Die Fachwelt feierte die Lapplandexpedition als großen Erfolg der Wissenschaft.

Nur Celsius selbst war unzufrieden. Die unter seiner Leitung durchgeführten Pendelversuche, die über die Gravitationskräfte und damit über die Entfernung zum Erdmittelpunkt Aufschluß geben sollten, hatten keine eindeutigen Ergebnisse erbracht. Er wußte auch warum: Die von der Expedition mitgeführten Thermometer des französischen Physikers Réaumur waren nicht nur sehr schwer und unhandlich, sondern auch völlig unzuverlässig, vor allem bei winterlichen Temperaturen. Ein Expeditionsmitglied schrieb dazu:

»Unsere Thermometer taugen ganz und gar nichts. Sie sind von Weingeiste, haben keinen beständigen Punct, die Gradirung davon anzufangen, und stimmen nicht miteinander überein, welches ich selbst genugsam an zween dergleichen gesehen, die sich in Upsal befinden.«

Genaue Temperaturmessungen wären jedoch nötig gewesen, um die Penduhr richtig zu justieren. Celsius nahm sich vor, diesen Mangel abzustellen.

Wohin mit dem Nullpunkt?

An die Universität Uppsala zurückgekehrt, beschäftigte sich Celsius zunächst mit der Aufgabe, das im Bau befindliche Observatorium mit den modernsten Instrumenten auszurüsten. Daneben widmete er sich der Konstruktion eines zuverlässigen Thermometers. Exakte Temperaturmessungen wurden nicht nur im wissenschaftlichen Bereich benötigt, sondern auch im Handwerk, z. B. bei den Bierbrauern, Seifensiedern, Branntweinbrennern und den Färbern. Celsius hoffte, daß ein allgemein verwendbares Meßinstrument guten Absatz finden und ihm einen schönen Nebenverdienst garantieren würde. Neben der Wahl der richtigen Glassorte – mit möglichst geringem Ausdehnungskoeffizienten – war das Problem zu lösen, welche Thermometerflüssigkeit am besten geeignet war. Celsius entschied sich – wie schon verschiedene seiner Vorgänger, z. B. Fahrenheit – für

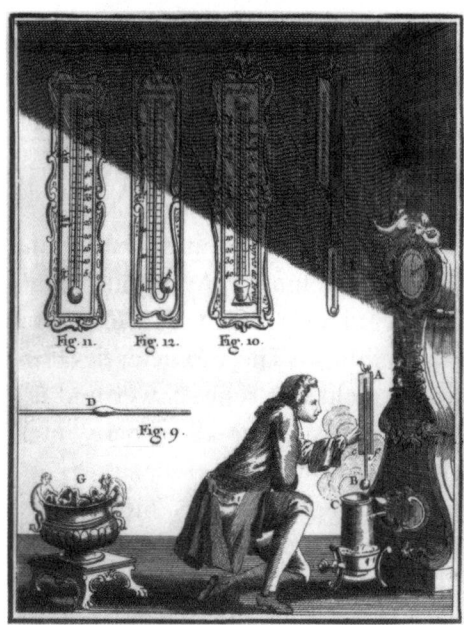

Eichung eines Thermometers nach der
Celsius-Skala. Kupferstich (1764)

Quecksilber, das allerdings sehr rein sein mußte. Am wichtigsten für ihn war jedoch die Frage der Gradeinteilung. Welche Bezugspunkte für die Skala sollte er wählen, wo war der »beste« Nullpunkt?

1742 stellte Celsius die Konstruktion eines deutlich verbesserten Quecksilberthermometers vor. Das Instrument war mit einer parallel angebrachten Dezimalskala ausgestattet. Celsius kennzeichnete den Siedepunkt des Wassers mit der Zahl 0, den Gefrierpunkt des Wassers mit 100.

In einem Schreiben an die Schwedische Akademie über die »Beobachtung von zween beständigen Graden auf einem Thermometer« heißt es: »Ich für mein Theil finde keine bequemere und sichere Art, die Grade auf einem Thermometer abzutheilen, als einige Puncte von der Höhe des Quecksilbers zu bestimmen. Wenn das Wasser kocht und zu frieren anfängt, und darnach die übrigen Grade zu verzeichnen ... «

Damit war die dezimale Celsius-Skala geboren, die heute in den meisten Ländern der Erde (mit Ausnahme der USA und Englands) verwendet wird. Auch zur Eichung des Thermometers machte Celsius genaue Angaben:

»Der Punct des gefrierenden Wasser läßt sich am genauesten bestimmen, wenn man das Thermometer im klebrichten Schnee eine halbe Stunde stehen läßt ... «

Der Wärmemesser des Anders Celsius fand als »Schwedisches Thermometer« bald Eingang bei den meisten europäischen Universitäten. Die Abkürzung »°C« bedeutete damals »Centigrad«, erst später wurde daraus die heutige Bezeichnung »Grad Celsius«. Der berühmte Naturforscher Carl von Linné (1707–1778), dem wir die

Systematik und Nomenklatur der Pflanzennamen verdanken, machte später den Vorschlag, die Skala umzudrehen: Es wäre doch besser, mit der Zahl 0 den am unteren Ende der Skala liegenden Eispunkt zu markieren, mit der Zahl 100 den Siedepunkt des Wassers. Darauf einigten sich die Fachleute, das heute gebräuchliche Thermometer war erfunden.

Anders Celsius war in Schweden ein hochgeachteter Gelehrter, der weitsichtig und energisch seine Pläne verfolgte. Seine Studenten gingen für ihn durchs Feuer. Für seine Verdienste bei der Lapplandexpedition erhielt er vom französischen König eine lebenslängliche Pension von 1000 Livres. Sehr lange konnte er sich dieser Wertschätzung jedoch nicht erfreuen. Von der Lapplandexpedition hatte er einen hartnäckigen Husten mitgebracht, der sich nicht bessern wollte. Als sich sein Gesundheitszustand immer mehr verschlechterte, stellten die Ärzte fest: Celsius litt an der (damals unheilbaren) Volkskrankheit Schwindsucht (Lungentuberkulose).

Anders Celsius starb am 25. April 1744 – unverheiratet – im Alter von 42 Jahren. Seine Verdienste auf dem Gebiet der Astronomie werden heute kaum noch erwähnt, seine Arbeiten über das Magnetfeld der Erde und dessen Auswirkungen auf das Nordlicht sind durch neuere Forschungen überholt. Dennoch, der Name Celsius ist unvergessen. Auf der Rückseite aller Fieberthermometer ist jenes »C« eingraviert, das jedermann mühelos als Abkürzung für den Namen Celsius erkennt.

Der hartnäckig geführte und bis heute noch nicht beendete Streit, welche Temperaturskala gelten sollte, die nach Celsius, jene des französischen Gelehrten Graf de Réaumur (1683–1757) oder die von dem deutschen Instrumentenmacher Daniel Gabriel Fahrenheit (1686–1736) propagierte Skala, hat auch Eingang in die Lyrik gefunden:

Die Abtrünnigen

– »Ich bin der Graf von Réaumur
und haß' euch wie die Schande!
Dient nur dem Celsio für und für,
Ihr Apostatenbande!«[*]

Im Winkel König Fahrenheit
hat still sein Mus gegessen.
– »Ach Gott, sie war doch schön, die Zeit,
da man nach mir gemessen!«

Christian Morgenstern, Galgenlieder

*Apostaten sind Abtrünnige einer Partei oder Religion

René-Antoine Réaumur (1683–1757),
französischer Physiker. Porträt, Stahlstich

Forschung am seidenen Faden

Charles Augustin de Coulomb (1736–1806)
und das Grundgesetz der Elektrostatik

Charles Augustin de Coulomb,
französischer Ingenieur
* 14. Juni 1736 in Angoulême
† 23. August 1806 in Paris

Seit undenklichen Zeiten benutzen die Menschen für das Abwiegen von Gegenständen zwei Schalen, die an einem gemeinsamen Angelpunkt befestigt sind. In der einen Schale liegt die Ware, die gewogen werden soll, in die andere Schale kommen soviel geeichte Gewichte, bis beide Schalen im Gleichgewicht sind.

Für den Handel ist diese einfache Methode ausreichend genau. Was aber, wenn es darum geht, etwa das Gewicht eines menschlichen Haares zu bestimmen? Oder die Schwere eines Mehlstäubchens?

Es war ein französischer Offizier, der 1784 eine geniale Methode erfand, mit der geringste Anziehungs- und Abstoßungskräfte, ja sogar die Änderung des Magnetfeldes gemessen werden konnten. Sein Name wird heute als Maßeinheit für die Elektrizitätsmenge verwendet.

Charles Augustin de Coulomb, geboren 1736 in Angoulême (Südfrankreich), war das einzige Kind eines hohen Regierungsbeamten in Paris. Die Ehe der Eltern war nicht gerade glücklich. Nach der Trennung von seiner Frau gab der Vater sein Amt als Inspekteur der Königlichen Domänen auf und zog sich auf den Familiensitz in Südfrankreich zurück, während die Mutter mit dem Sohn allein in Paris blieb.

Am *Collège des Quatre-Nations* zeigte der Junge gute Leistungen, vor allem in Mathematik. Die Mutter wollte, daß Charles Medizin studiert. Doch er widersetzte sich und bestand darauf, Ingenieur zu werden. Es kam zum Streit, zur Strafe für seinen Eigensinn entzog ihm die Mutter die Unterstützung. Charles mußte sein Studium am *Collège Royal* vorzeitig beenden, er zog zum Vater nach Montpellier. 1764 trat Coulomb dem Königlichen Ingenieurskorps der Armee bei und ließ sich in die Kronkolonie Martinique versetzen. Dort wurde er mit der Bauleitung von Befestigungsanlagen betraut.

Für seine Erfindung zum Ritter geschlagen

Nach acht Jahren Dienst im ungesunden Tropenklima der Antillen-insel erkrankte Kapitän Coulomb schwer und mußte in die Heimat zurückkehren. Kaum genesen, beteiligte er sich an einem Wettbe-werb, den die Französische Akademie ausgeschrieben hatte. Die Auf-gabe bestand darin, ein Instrument zu konstruieren, das den Schiffen auf hoher See eine genauere Kursbestimmung ermöglichte. Mit sei-nem in der Praxis geschulten, scharfen und kritischen Verstand und

Das Fort Royal auf der Insel Martinique. Hier arbeitete Coulomb als Bauleiter

Die SI-Einheit Coulomb

Die Maßeinheit Coulomb ist die Einheit der elektrischen Ladung und der Elektrizitätsmenge.

Definition: 1 Coulomb (C) ist die Elektrizitätsmenge, die bei konstantem Strom der Stärke 1 Ampere während der Zeit 1 Sekunde durch den Querschnitt eines Leiters fließt.

$$1 \, C = 1 \, A \, s \text{ (Amperesekunde)}$$

Die Elektrizitätsmenge von 1 Coulomb entspricht 6,242 Trillionen Elementarladungen.

einem ausgeprägten Sinn für wissenschaftliche Methoden untersuchte Coulomb das Schwingungsverhalten von Kompaßnadeln. Mit der Konstruktion eines verbesserten Schiffskompasses gewann Coulomb den ersten Preis. Der neue Kompaß bewährte sich in der Praxis glänzend, der Erfinder wurde zum Ritter des Saint-Louis-Ordens geschlagen. Dieser Erfolg gab dem noch immer im Militärdienst stehenden, inzwischen zum Oberstleutnant beförderten Coulomb entscheidenden Auftrieb. In den folgenden Jahren veröffentlichte er zahlreiche weitere Abhandlungen über die Ergebnisse seiner Freizeitforschungen. Sie zeigten eine erstaunliche Bandbreite: Arbeiten über den Bau von Windmühlen, über die Bodenmechanik bis zur Theorie einfacher Maschinen. Er unterschied als erster zwischen gleitender und rollender Reibung. Mit Untersuchungen über die Belastbarkeit von Gewölben und Balken, besonders aber mit seiner noch heute gültigen Theorie des Erddrucks gegen Mauern legte er den Grundstein zur wissenschaftlichen Baustatik. Dank seiner Theorie wurde es möglich, Brücken mit gußeisernen Rundbögen und Spannweiten bis zu 30 m zu konstruieren. Coulomb gehörte schon bald zu den berühmtesten Brückenbauern der Welt.

Mehrfach wurde Charles Augustin de Coulomb von der Regierung als Gutachter für technische Projekte herangezogen. Dabei zeigte er sich als unerschrockener und unbestechlicher Kämpfer, der zu seiner Überzeugung stand, auch wenn ihm dadurch Nachteile entstanden. Als er 1783 ein Gutachten über den Nutzen des Baus eines Kanals in der Bretagne zu erstellen hatte, hielt er mit seinem negativen Ergebnis nicht zurück, obwohl hochgestellten Personen viel an dem Bau lag. Coulomb mußte für eine Woche ins Gefängnis. Als er wieder freikam, wandte er sich weiter offen gegen das Unternehmen. Der Kanal wurde nicht gebaut.

Eine völlig neue Art des Wiegens

1784 untersuchte Coulomb das physikalische Verhalten von Haaren und Seidenfäden. Er bemerkte, daß schon äußerst geringe Kräfte ausreichten, um diese in ihrer Längsrichtung zu verdrillen. Noch wichtiger war die Erkenntnis, daß die Stärke der Drehung genau proportional zur einwirkenden Kraft war. Das brachte ihn auf eine völlig neue Art des Wiegens: An einem senkrecht aufgehängten Seidenfaden befand sich eine Querstange mit zwei Hohlkugeln. Etwas tiefer war ein Spiegel angebracht. Bei der Annäherung elektrisch geladener Gegenstände an die Hohlkugeln verdrehte sich der Faden. Das Maß

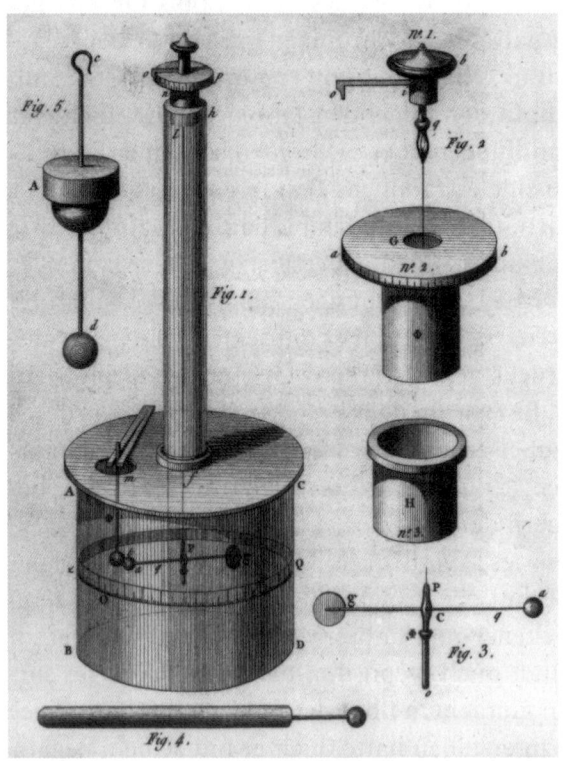

Die Coulombsche Drehwaage (1785)
Figur 1: Das Instrument
Figur 2: Die Aufhängung des Seidenfadens
Figur 3: Die am Faden befestigte Querstange, am dem einen Ende eine Hohlkugel, am anderen ein kleiner Spiegel, der einen Lichtstrahl an eine außen angebrachte Skala wirft
Figur 4: Vorrichtung zum elektrostatischen Aufladen der Kugel
Figur 5: Gegenladung

für die einwirkende Kraft war an einem gespiegelten Lichtstrahl abzulesen. Mit Hilfe dieser »Drehwaage« konnten selbst kleinste Gewichte und Kräfte mit bemerkenswerter Genauigkeit gemessen werden.

Mit der »Coulombschen Waage« wurde es nun möglich, exakte quantitative Messungen auf den verschiedensten Gebieten (Elektrizität, Magnetismus, Luftwiderstand) durchzuführen. Besonders für die Untersuchung der elektrischen Gesetzmäßigkeiten war die Drehwaage von allergrößter Bedeutung. Mit ihrer Hilfe stellte Coulomb das später nach ihm benannte Grundgesetz der Elektrostatik auf. Es besagt, daß die zwischen zwei elektrischen Ladungen wirkende Kraft proportional den beiden Ladungen und umgekehrt proportional dem Abstand der Ladungen ist (das »invers-quadratische Abstandsgesetz«). Haben die Ladungen gleiche Vorzeichen, stoßen sie sich ab, bei ungleichen Vorzeichen entsteht eine gleich große Anziehungskraft. Bemerkenswert ist die Tatsache, daß Coulomb für die Aufstellung dieses eminent wichtigen physikalischen Gesetzes lediglich drei Messungen benötigte. Er war nämlich überzeugt, daß hier eine Analogie zum Gravitationsgesetz vorliegen mußte. Nachdem die drei Messungen seine Vermutung bestätigt hatten, war für ihn der Beweis erbracht.

In den Jahren 1785 bis 1789 veröffentlichte Coulomb sieben weitere grundlegende Arbeiten auf den Gebieten Elektrizität und Magnetismus. Er zeigte, daß die Elektrizität an der Oberfläche eines geladenen isolierten Leiters lokalisiert bleibt und daß sie bei Berührung mit einem anderen Leiter infolge der elektrischen Abstoßungskräfte auf diesen übergeht. Die Funktion des Blitzableiters, der Elektrizitätsverlust an Spitzen und Kanten, die Herstellung künstlicher Magnete, all das waren neue Erkenntnisse, die das wissenschaftliche Gebäude der Elektrizitätslehre ungemein bereicherten.

Alle Ämter verloren

Aufgrund seiner wissenschaftlichen Verdienste genoß Charles Augustin de Coulomb in Frankreich hohes Ansehen. Der König ernannte ihn zum Kommissar für die Organisation des Unterrichtswesens, als Generalinspekteur war er für die Gewässer und Quellen im ganzen

Land verantwortlich. Kurz nach Ausbruch der Französischen Revolution wurde er in eine wissenschaftliche Kommission berufen, welche die Aufgabe hatte, ein neues Maßsystem auszuarbeiten. Als Standardmaß für die Längenmessung hatte die Kommission den vierzigmillionsten Teil des Meridians festgelegt – das noch heute gültige »Urmeter«. Mitten in die Arbeit platzte die Weisung des Jakobinerführers Maximilien de Robespierre (1758–1794), alle königstreuen Wissenschaftler sofort aus der Kommission und dem Staatsdienst zu entfernen. Coulomb verlor alle seine Ämter und den gesamten Familienbesitz. Er floh aufs Land, in die Gegend von Blois, wo er, wenn auch mit Einschränkungen, seine Forschungen fortsetzen konnte. Hier untersuchte er die elektrischen Eigenschaften von Flüssigkeiten, er stellte Magnete aus Nichteisenmetallen her und entdeckte die bis dahin unbekannte Tatsache, daß ein Magnet beim Erhitzen auf 700 °C seine magnetischen Eigenschaften verliert.

Als Napoleon im Jahr 1799 an die Macht kam, rehabilitierte er den verdienten Wissenschaftler. Coulomb wurde in die Ehrenlegion aufgenommen und in das *Institut Français* gewählt. Coulombs Traum war es, die elektrischen Kräfte für den Menschen nutzbar zu machen, um die Effektivität der Arbeit zu erhöhen und die körperlichen Anstrengungen zu vermindern. Mit seinen Forschungen hatte

Französische Briefmarke (1986), herausgegeben zum 250. Geburtstag von Coulomb

COULOMB CHARLES - 1736-1806
Célèbre physicien français

*Postkarte zum Andenken an
Charles A. Coulomb*

Coulomb wichtige Grundlagen für den Bau elektrischer Maschinen gelegt. Die Realisierung seiner Ideen erlebte er jedoch nicht mehr. Kurze Zeit nach der Veröffentlichung seiner abschließenden Denkschrift über den Magnetismus starb er am 23. August 1806 im Alter von siebzig Jahren. Noch heute gilt er in Frankreich als der bedeutendste Ingenieur seiner Zeit.

**Das Coulombsche Gesetz und was sich
sonst noch alles mit dem Namen Coulomb verbindet:**

Das Coulombsche Gesetz besagt, daß die anziehende oder absto-
ßende Wirkung (Kraft) zweier punktförmiger elektrischer (oder ma-
gnetischer) Ladungen proportional ist dem Produkt ihrer Größen und
umgekehrt proportional dem Quadrat ihres Abstands.
Coulomb-Anregung: Anregung eines Atomkerns durch ein vorbei-
fliegendes geladenes Teilchen
Coulomb-Barriere oder **Coulomb-Wall:** den Atomkern umgebender
Potentialwall
Coulomb-Effekt: Ausdruck aus der Atomenergie
Coulomb-Energie: Teil der Bindungsenergie eines Moleküls
Coulombmeter oder **Coulometer:** (veraltete) Einheit des elektri-
schen Dipolmoments, auch: elektrostatisches Meßgerät (Voltame-
ter)
Coulomb-Kraft: zwischen zwei Ladungsschwerpunkten herrschende
Zentralkraft
Coulomb-Potential: elektrisches Potential einer punktförmigen La-
dung
Coulombsches Reibungsgesetz: physikalisches Gesetz der Reibung
Coulomb-Spaltung: eine Art der Kernspaltung
Coulomb-Streuung: auf Wechselwirkung beruhende Streuung ge-
ladener Teilchen
Coulomb-Wechselwirkung: Wechselwirkung geladener Teilchen
Coulometrie: elektrochemisches Analysenverfahren

Ein genialer Autodidakt

Michael Faraday (1791–1867), Pionier der Elektrizität

Michael Faraday, englischer
Naturwissenschaftler
* 22. September 1791
in Newington Butts bei London
† 25. August 1867
in Hampton Court bei London

Autofahrer können sicher sein, daß sie in ihrem Wagen nicht vom Blitz getroffen werden. Die meisten wissen auch, warum: Die Karosserie wirkt als »Faradayscher Käfig«. Doch nur wenige könnten wohl die Frage beantworten, wer dieser Faraday war, dessen Name sich mit dem physikalischen Phänomen eines elektrisch feldfreien Raums verbindet.

Den Traum vom Tellerwäscher, der zum Millionär aufsteigt, hat sich Michael Faraday bereits vor knapp 200 Jahren erfüllt. Als Laufbursche und mittelloser Buchbinder fing er an, als Professor der Chemie und Direktor der berühmten *Royal Institution* wurde er weltberühmt, als Entdecker der elektromagnetischen Induktion ging er in die Geschichte der Elektrotechnik ein.

Seine Schulbildung war mangelhaft, zu einem Universitätsstudium hat es nie gereicht, mathematische Formeln blieben ihm immer unverständlich. Dennoch zählt Faraday zu den bedeutendsten Naturwissenschaftlern des 19. Jahrhunderts.

Michael Faraday wurde am 22. September 1791 in dem Londoner Stadtteil Newington Butts geboren. Er wuchs in ärmlichen Ver-

hältnissen auf. Der Vater war Grobschmiedgeselle, aber häufig ar-
beitslos, weil er an manchen Tagen vor Schmerzen kaum aufrecht
stehen konnte und nicht mehr in der Lage war, seinen Beruf ordent-
lich auszuüben. Die vier Kinder durften sich nie richtig satt essen.
Einmal, so erinnerte sich Faraday später, mußte ein Laib Brot für die
ganze Familie eine Woche lang reichen.

Wissensdurstiger Lehrling

In der Elementarschule erhielt der Junge eine äußerst dürftige Ausbildung. Man brachte ihm zwar Lesen, Schreiben und die Anfangs-
gründe des Rechnens bei, mehr jedoch nicht. Als der 13jährige die
Schule verließ, deutete absolut nichts darauf hin, daß ihm eine glän-
zende Karriere bevorstehen würde. Michael war so schwächlich, daß
man ihm nicht zumuten mochte, in die Fußstapfen des Vaters zu treten und das Schmiedehandwerk zu erlernen. Sein erstes Geld verdiente er als Laufbursche und Zeitungsausträger. Ein Jahr später erlaubte man ihm, eine siebenjährige Buchbinderlehre zu beginnen.
Dies erwies sich als ausgesprochener Glücksfall: Der wissensdurstige
Azubi las sämtliche Bücher, die ihm zum Binden gebracht wurden.
Als er einmal den Band E der *Encyclopaedia Britannica* in die Finger
bekam, stieß er auf das Kapitel über die »Elektrischen Erscheinungen«. Der 127 Seiten lange Text mit den vielen Fachausdrücken dürfte ihm zwar kaum verständlich gewesen sein, aber er erlaubte einen
ersten Blick in eine für ihn neue und geheimnisvolle Welt. Mit bren-
nendem Bildungseifer schmökerte er fortan in allem Gedruckten, das
irgendwie nach Wissenschaft roch.

Die SI-Einheit Farad
Das Farad ist die Einheit der elektrischen Kapazität.
Definition: 1 Farad (F) ist die elektrische Kapazität eines Kondensa-
tors, der durch die Elektrizitätsmenge 1 Coulomb (C) auf die elektrische Spannung 1 Volt (V) aufgeladen wird.

$$1\,F = 1\,C\,/\,V$$
$$= 1\,A^2\,s^4\,/\,kg\,m^2$$

Das Lesen in der Abgeschiedenheit seiner karg eingerichteten Kammer genügte dem Jungen bald nicht mehr. So besuchte er abends populärwissenschaftliche Vorträge über Mineralien und Metalle, über Blitzableiter und die elektrische Säule des Herrn Volta. Um sich seinen ausgeprägten Vorstadtdialekt abzugewöhnen, belegte er außerdem Kurse in Rhetorik. Auf eigene Faust und mit einfachsten Mitteln bastelte sich der junge Faraday eine Reibungselektrisiermaschine und eine Leydener Flasche (einen elektrischen Kondensator). Damit machte er zu Hause physikalische und chemische Versuche, was seinem Leben die entscheidende Wendung gab:

»Ich hatte den Wunsch, mich dem Handwerk zu entziehen und in den Dienst der Wissenschaft zu treten, welche, wie ich mir einbildete, ihre Anhänger ebenso liebenswürdig und edelsinnig macht, wie das Handwerk sie böse und selbstsüchtig werden läßt.«

Ein sauber geführtes Kollegheft

Michael führte über alle Vorträge, die er besuchte, sorgfältig Buch, mit Tabellen, Zeichnungen und einer exakten Beschreibung der Experimente. Der Buchhändler war stolz auf seinen strebsamen Lehr-

Das Gebäude der Royal Institution of Great Britain *in London*

ling und zeigte das Notizheft einem wohlhabenden Kunden. Dieser war erstaunt und so begeistert, daß er dem jungen Mann Eintrittskarten zu den öffentlichen Vorträgen des berühmten Chemikers Sir Humphry Davy (1778–1829) schenkte. Als sich Professor Davy einmal bei einem chemischen Experiment am Auge verletzte, durfte sich der junge Faraday als Labordiener betätigen. Sein Lohn betrug kümmerliche 25 Shilling in der Woche. Mit einer sauber geschriebenen, zu einem ledernen Quartband gebundenen Mitschrift der Vorlesung bedankte er sich für das ihm erwiesene Vertrauen und bat um eine feste Anstellung an der von Davy geleiteten *Royal Institution.* »Warum auch nicht? Lassen wir ihn Gläser und Flaschen spülen«, entschied der große Gelehrte, »wenn er gut für etwas ist, wird er kommen, lehnt er ab, so taugt er für nichts.« Faraday nahm seine Chance wahr und zeigte sich bei der Arbeit so anstellig, daß er den ehrenvollen Auftrag erhielt, das Ehepaar Davy als Assistent und Protokollant auf ihrer 18monatigen Vortragsreise durch Frankreich, die Schweiz und Italien zu begleiten.

Für Faraday, der bis dahin nie weiter als zwölf Meilen von London weggekommen war, bedeutete diese Reise auf den Kontinent eine große Bereicherung. Nicht nur, daß er fremde Länder sehen und berühmte Zeitgenossen kennenlernen durfte, darunter Ampère und Volta, Napoleon und Alexander von Humboldt, er profitierte auch von den Vorlesungen seines gelehrten Meisters. Diese konnte er als Assistent hautnah miterleben. Er war Davy behilflich, als dieser aus Seetang das neue Element Jod isolierte, er war Zeuge, als er öffentlich einen Diamanten verbrannte. Damit bewies Davy, daß dieser Edelstein aus reinem Kohlenstoff besteht. Einmal durfte der Lehrling mit seinem berühmten Professor sogar den Vesuv besteigen. Eine interessantere Lehrzeit hätte sich der junge Mann wahrlich nicht wünschen können.

Erste Schritte zur Wissenschaft

Voller Tatendrang kehrte Michael Faraday nach London zurück, wo er als Assistent an der *Royal Institution* – inzwischen bei einer Besoldung von immerhin 30 Shilling – die mineralogische Sammlung zu betreuen hatte. Zusammen mit seinem Lehrmeister Davy entwickelte er eine Sicherheitslampe für die Kohlengruben. Durch eine spezielle Konstruktion – ein engmaschiges Drahtnetz kühlt die heißen Gase ab – war die Flamme nicht mehr zündfähig und konnte daher auch keine »schlagenden Wetter« mehr auslösen. Im Rahmen einer Auftragsforschung untersuchte Faraday die Eigenschaften von Stahllegierungen, dann half er Davy bei dessen Versuchen zur Herstellung von Lachgas und beschäftigte sich mit der Herstellung neuer optischer Gläser.

Das Jahr 1821 war für Faraday eine glückliche Zeit. Endlich konnte er seine Verlobte Sarah Barnard heiraten, mit der er bis zu seinem Lebensende eine glückliche Ehe führte. Im gleichen Jahr gelang ihm seine erste große Entdeckung: Angeregt durch ein Experiment des dänischen Physikers Ørsted (1777–1851), der die Wirkung des elektrischen Stroms auf eine Magnetnadel nachgewiesen hatte, beschäftigte er sich mit dem Zusammenhang zwischen Magnetismus und Elektrizität. Er konstruierte eine Anordnung, bei der die magnetische Kraft des elektrischen Stroms in eine rotierende mechanische Bewegung umgewandelt wurde. Obwohl diese Vorrichtung nur den Charakter eines Spielzeugs hatte, war damit doch bewiesen, daß die Elektrizität grundsätzlich Arbeit zu leisten imstande war.

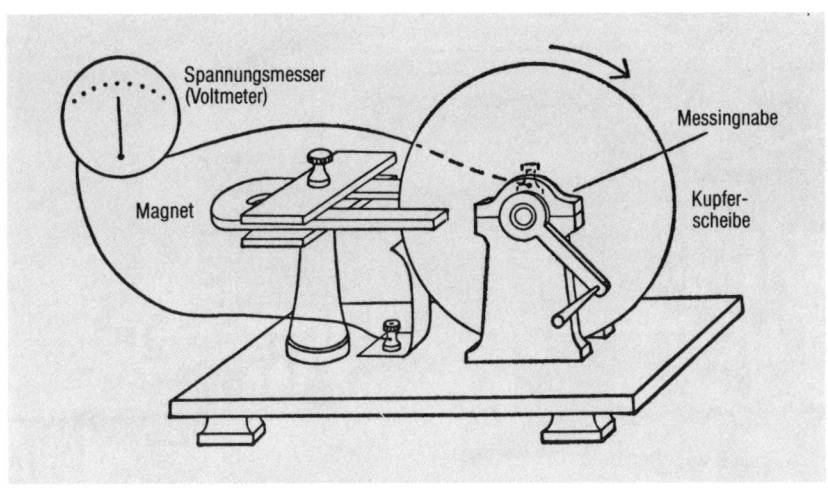

Faradays Dynamo. Die sich drehende Kupferscheibe schneidet die Kraftlinien des Magneten und induziert einen Strom, den das Voltmeter anzeigt

Heimliche Liebe zur Chemie

Physik und Chemie waren zu jener Zeit noch keine getrennten Arbeitsgebiete. Als absoluter Autodidakt suchte sich Faraday sein Betätigungsfeld dort, wo er auf ungelöste Probleme stieß. Seine heimliche Liebe galt immer wieder der Chemie, und auch auf diesem Gebiet hatte er bald erstaunliche Erfolge. So gelang ihm 1823 erstmals die Verflüssigung von Gasen, z. B. Kohlendioxid, Bromwasserstoff und Schwefelwasserstoff. Aus Leuchtgas isolierte er 1825 das Benzol, aus Kautschuk das Dipenten. Er war unermüdlich im Ersinnen von Versuchen und genial in ihrer Ausführung. Niemand übertraf ihn in der Formulierung der Hypothesen. So war es keine Überraschung, daß man ihn bereits im Alter von 34 Jahren zum Direktor an der *Royal Institution* ernannte. Zwei Jahre später übertrug man ihm, der nie studiert hatte, sogar den neugeschaffenen Lehrstuhl für Chemie.

Faraday mochte nicht im Elfenbeinturm forschen. Er war Praktiker, seine Entdeckungen sollten dem Gewerbe und der Industrie zugute kommen. Aus diesem Grund führte er öffentliche Abendvorlesungen ein, die *Friday Evening Discourses*. In mehr als 100 Vorträgen behandelte er praxisnahe Fragen, wie z. B. die Herstellung von Leuchtturmlampen, von Silberspiegeln und Schreibfedern. Ein andermal dozierte er über die Ventilation in Bergwerken, dann über die

Faraday in seinem Laboratorium der Royal Institution (Aquarell von H. Moore)

Lithographie oder die Korrosion der eisernen Schiffsböden durch die Einwirkung von Seewasser. Faraday war ein hinreißender Redner. Zu seinen Vorlesungen drängten sich die Zuhörer, und oft saß der Prinzgemahl Albert mit seinen Söhnen in der ersten Reihe.

Kraftlinien aus Eisenfeilspänen

Als Faraday vierzig Jahre alt war, wandte er sich wieder der Elektrizität zu. In seinen populärwissenschaftlichen Vorträgen vor der Londoner Gesellschaft experimentierte er mit Spulen, Stabmagneten und Galvanometern und zeigte, daß man mit Hilfe der Elektrizität nicht nur Magnetismus erzeugen, sondern umgekehrt auch Magnetismus in Elektrizität umwandeln konnte. Faraday hatte die Induktion entdeckt, eine der Grundlagen für die heutige Kraftwerkstechnik. Er war es auch, der mit einem einfachen Versuch erstmals das magnetische Feld sichtbar machte: Auf Papier gestreute Eisenfeilspäne bildeten unter einem Magneten regelmäßige Muster aus, die er »Kraftlinien« nannte.

Große Erfolge hatte er auch auf dem völlig neuen Gebiet der Elektrochemie. Er untersuchte die chemischen Wirkungen der Elektrizität und fand dabei die »Faradayschen Gesetze«. Sie definieren die Beziehungen zwischen dem Stromfluß und den an den Polen abgeschiedenen Stoffmengen. Von Faraday stammen die noch heute benutzten Bezeichnungen Elektrolyse, Elektrolyt, Elektrode, Anode

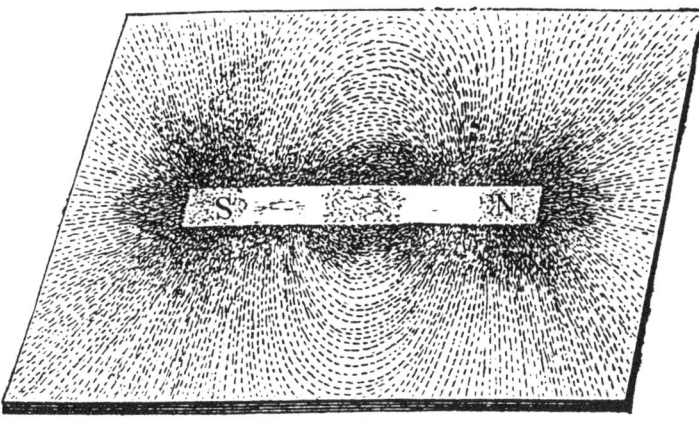

Eisenfeilspäne im magnetischen Kraftfeld

und Kathode. Faraday war fest davon überzeugt, daß sich die »Naturkraft« Elektrizität in andere Energien wie Licht oder Wärme verwandeln ließe. Im Jahr 1839, also sechs Jahre vor Robert Mayer (1814–1878), postulierte er, daß es ein Naturgesetz geben müsse, nach dem die Summe aller Energien konstant sei. Damit kam er dem Satz von der Erhaltung der Energie schon sehr nahe. Weitere Arbeiten befaßten sich mit den Eigenschaften der Dielektrika, mit dem Diamagnetismus und mit den Beziehungen zwischen Elektrizität und Licht. Er entdeckte die Drehung der Polarisationsebene von Licht im magnetischen Feld, den »Faraday-Effekt«, der heute beispielsweise für den Bau von ultraschnellen Kameraverschlüssen ausgenutzt wird. Bis heute ist auch der »Faradaysche Käfig«, ein durch Metallgitter gegen elektrische Einflüsse abgeschirmter Raum, mit seinem Namen verbunden.

Die Fülle neuer Erkenntnisse, die auf Faraday zurückgehen, ist um so erstaunlicher, wenn man bedenkt, daß er nie eine mathematische Ausbildung genossen hat und zeitlebens nicht in der Lage war, eine physikalische Formel zu schreiben. In vielen Fällen war es ihm noch nicht einmal möglich, die mathematische Fassung physikalischer Begriffe nachzuvollziehen. Fast immer arbeitete er allein und mit sehr beschränkten technischen Hilfsmitteln. Nur bei den Vorlesungen assistierte ihm ein ehemaliger Artillerist, Sergeant Anderson, der seine wissenschaftliche Rolle so zu beschreiben pflegte: »Ich mache die Experimente, und Faraday klopft seine Sprüche dazu.«

Den Adelstitel abgelehnt

Der Aufstieg des Autodidakten Michael Faraday vom Zeitungsausträger und Buchbinderlehrling in den »Kreis der Wissenden«, zum Nachfolger des berühmten Sir Davy und schließlich zu einem der größten Gelehrten seiner Zeit ist beispiellos. Im Jahr 1838 erhielt er die Copley-Medaille, eine Auszeichnung, die dem heutigen Nobelpreis an Bedeutung etwa gleichkommt. Die Französische Akademie der Wissenschaften wählte ihn zu ihrem Mitglied, im Jahr 1855 wurde er Kommandeur der Ehrenlegion. Den Adelstitel und das Präsidentenamt der *Royal Society* lehnte er jedoch ab. Als Mitglied einer frommen Sekte glaubte er, den Titel eines »Lord« nicht führen

zu dürfen. »Wen der Herr ver-
nichten will, den straft er mit
Hochmut. Mein Vater war
Hufschmied, mein Bruder ist
Klempner. Ich wurde einstmals
Buchbinderlehrling, nur um
Bücher lesen zu können. Ich
heiße Michael Faraday, und
nur dieser Name wird einst auf
meinem Grabstein stehen.«

Im Alter von 65 Jahren ließen Faradays geistige Kräfte
schnell nach. Vermutlich litt er
an einer Quecksilbervergif-
tung, die er sich in den schlecht
gelüfteten Räumen der *Royal
Institution* zugezogen hatte.
Dennoch kam er seinen Lehrverpflichtungen weiter nach.

*Michael Faraday mit seiner Frau Sarah
im hohen Alter*

Berühmt waren seine wissenschaftlichen Kurse für Kinder. Die
Christmas Juvenil Lectures, in denen er zum Beispiel die »Naturge-
schichte einer Kerze« behandelte, sind noch heute lesenswert. Kurz

*Michael Faraday während eines Vortrages in der Londoner Royal Institution
am 27. Dezember 1855*

vor seinem 70. Geburtstag zog er sich nach Hampton Court zurück, in eine von Queen Victoria zur Verfügung gestellte Ehrenwohnung im königlichen Park. Dort starb Michael Faraday geistig verwirrt im Alter von 76 Jahren.

Befehl ist Befehl

Michael Faradays Vorlesungsassistent, der bereits oben erwähnte Sergeant Anderson, war wissenschaftlich zwar kein großes Licht, aber seinem Herrn und Meister treu ergeben. Die ihm befohlenen Arbeiten führte er bedingungslos und mit akribischer Genauigkeit aus.

Eines Tages erteilte Faraday ihm den Auftrag, ein Becherglas mit einer Chemikalienmischung so lange über dem Feuer zu rühren, bis er wiederkomme. Am frühen Nachmittag pflegte er nämlich in seine Wohnung hinaufzugehen und den gewohnten Tee zu nehmen.

Unvermutet bekam Faraday an diesem Tag Besuch und vergaß, daß er den alten Anderson mit der Überwachung des Gefäßes betraut hatte. Als er am nächsten Morgen ins Labor kam, traf er zu seiner Überraschung den Sergeanten an, wie er immer noch geduldig den Inhalt des Becherglases umrührte. Faraday fragte ihn, was er denn um Himmels willen so früh schon in dem Labor zu tun hatte. Ob dieser Frage war der brave Anderson sehr erstaunt. »Aber Herr Professor, Sie haben mir doch gestern nachmittag den Befehl gegeben, den Inhalt des Glases umzurühren!« – »Aber das war doch gestern abend, und nicht heute!« – »Herr Professor, Sie haben mir nicht gesagt, ich könne aufhören.«

Strahlen statt Skalpell

Louis Harold Gray (1905–1965), Vater der Radiobiologie

Louis Harold Gray, englischer Physiker
*10. November 1905 in London
† 9. Juli 1965 in Northwood
(Greater London)

Die tägliche Erfahrung zeigt: Es gibt populäre und unpopuläre Maßeinheiten. Zu den populären, d. h. häufig gebrauchten Einheiten gehören Watt, Volt, Ampere und Ohm. Zu den eher ungebräuchlichen zählen Maßeinheiten wie Henry, Tesla und Weber.

Glücklicherweise wenig gebräuchlich ist die Einheit Gray (Gy). Wenn sie jedoch gebraucht wird, ist sie sehr unbeliebt. Wer mit ihr konfrontiert wird, ist zu bedauern. Denn ihm steht vermutlich eine unangenehme, langandauernde Prozedur bevor: die strahlentherapeutische Behandlung seiner Krebserkrankung.

Der englische Physiker und Radiologe Louis Harold Gray, geboren am 10. November 1905, wuchs als Einzelkind in London auf. Die Familie lebte in sehr einfachen Verhältnissen. Der Vater, ein wortkarger Mann, machte sonntags ausgedehnte Wanderungen, der Junge durfte ihn begleiten. Unterwegs stellten sich Vater und Sohn gegenseitig mathematische Aufgaben, um das Kopfrechnen zu üben. Die Mutter lehrte ihren Sohn hauswirtschaftliche Fähigkeiten wie Backen, Nähen, Kochen und Tapezieren. Eine Tante zeigte ihm, wie man aus alten Holzkisten einen Bücherschrank baut. Das war der Anfang eines Steckenpferds, das Gray bis an sein Lebensende begleiten sollte: die Kunsttischlerei.

In der Schule fiel der Junge durch ein ausgeprägtes Interesse für Naturwissenschaften und Mathematik auf. Sprachen interessierten ihn weit weniger; Latein lernte er nur, um sich technische Fachausdrücke besser einprägen zu können. Im Alter von 13 Jahren erhielt Hal, wie er von seinen Altersgenossen gerufen wurde, für seine guten Schulleistungen ein Stipendium zur Weiterbildung am *Christ's Hospital*, einem renommierten Internat. Dort machte ihm das Lernen viel mehr Freude; bis tief in die Nacht saß er über seinen Schulbüchern. Einer der Lehrer gab ihm Privatunterricht in Chemie und zeigte ihm interessante Experimente. Ein anderer lud ihn und seine Mitschüler ein, bei Tee und Kuchen über Philosophie und griechische Geschichte zu diskutieren. An seinen Physiklehrer erinnerte sich Hal später besonders gerne: Dieser hatte Bananen in flüssige Luft getaucht und anschließend mit dem Hammer zertrümmert.

Studium am Trinity College

Mit 18 Jahren entwickelte Gray besonderes Interesse für ein Wissenschaftsgebiet, das erst wenige Jahre zuvor an der Universität Cambridge eingeführt worden war: die Kernphysik. Dort lehrte der Nobelpreisträger Sir Ernest Rutherford (1871–1937), dem 1919 die erste künstlich herbeigeführte Kernumwandlung gelungen war. Für die Engländer war der in Neuseeland geborene Rutherford eine Art

Das berühmte Trinity College in Cambridge bei London (1927)

Gray als 20jähriger Student
am Trinity College

Gruppenbild der Physikstudenten am
Cavendish-Laboratorium, dem »heilig-
sten Tempel der britischen Naturwissen-
schaften« (1930). In der ersten Reihe die
Nobelpreisträger Chadwick, Thomson
und Sir Rutherford (3. bis 5. v. links)

Nationalheld. Als Gray erfuhr, daß er ein Stipendium am *Trinity College* in Cambridge bekommen hatte, in der Stadt, wo der große Rutherford lehrte, ging für ihn ein Traum in Erfüllung.

Gray belegte die Fächer Physik, Mathematik und Chemie. Nach zwei Jahren bestand er die Prüfung als Jahrgangsbester. Als er auch den zweiten Studiengang als Primus abgeschlossen hatte, wurde ihm als besondere Auszeichnung die Mitgliedschaft im »heiligsten Tempel der britischen Naturwissenschaften« angetragen, im _Cavendish-Laboratorium_ in Cambridge. Neben seinem Idol Sir Rutherford lehrten und forschten dort die besten Physiker des Landes, so die Nobelpreisträger Sir Joseph Thomson (1856–1940), der die Elektronen entdeckt hatte, und James Chadwick (1891–1974), der Entdecker des Neutrons.

Gray empfand es als unglaubliches Glück und eine große Herausforderung, in solch erlauchtem Kreis aufgenommen worden zu sein. Mit großem Eifer stürzte er sich in die Arbeit. Zuerst untersuchte er die Wirkung der verschiedenen Strahlenarten auf die stoffliche Materie. Dann machte er sich daran, die »kosmische Strahlung« zu messen, über die damals noch fast nichts bekannt war. Zusammen mit Rutherfords Nachfolger, dem Nobelpreisträger William Lawrence Bragg (1890–1971), formulierte er das »Hohlraumkammerprinzip«, das noch heute seinen Namen trägt: »Bragg-Graysches Prinzip«. Ein weiteres Arbeitsgebiet betraf die Absorption harter Gamma-Strahlen. Dieses Thema wählte er auch für seine Promotion und gewann damit ein weiteres Stipendium am _Trinity College._

Hochzeit mit der blinden Freye

Die Jahre in Cambridge waren für Gray eine glückliche Zeit, nicht nur im Hinblick auf seine wissenschaftliche Arbeit auf dem Gebiet der Nuklearphysik. Er traf dort auch seine spätere Lebensgefährtin Freye, eine Theologiestudentin, die ihn für die Literatur begeisterte. Stundenlang mußte er ihr aus Büchern vorlesen, denn das Mädchen war von Jugend auf blind. Trotz ihrer schweren Behinderung schaffte sie mit Hilfe der »Braille-Schrift« den Studienabschluß und wurde Predigerin bei den Methodisten. Auch Gray betätigte sich als Laienprediger und engagierte sich in sozialen Programmen.

So aufregend für Gray die Forschung auf dem noch kaum bekannten Gebiet der Kernphysik auch war, so wenig mochte er sich mit der Praxisferne seiner Aufgabe abfinden. Er wünschte sich ein Betätigungsfeld, in dem er sein Fachwissen zum Wohl der Menschheit einsetzen konnte. Mit großem Interesse hatte er die Bemühungen

Gray mit seiner blinden Frau Freye und Sohn Crispin im Garten (1960)

der Medizin verfolgt, Tumore mit Hilfe ionisierender Strahlen zu bekämpfen. Eine führende Rolle auf diesem Gebiet spielte das *Mount Vernon Hospital* im Londoner Vorort Northwood. Als er erfuhr, daß dort für die Messung von Radium- und X-Strahlen (heutige Bezeichnung: Röntgenstrahlen) sowie für die Untersuchung der Strahlenwirkungen auf das lebende Gewebe ein Physiker gesucht wurde, griff er zu, obwohl die Bezahlung weit niedriger war als in Cambridge. Seine Aufgabe hatte für ihn den Reiz des Neuen. Die Radiobiologie, ein Grenzgebiet zwischen Biologie, Medizin und Physik, steckte damals noch in den Kinderschuhen. Es war Gray, der später die wesentlichen Grundlagen für dieses neue Wissenschaftsgebiet schuf. Hier fand er seine Lebensaufgabe.

Die SI-Einheit Gray

Das Gray ist die Einheit für die radiologischen Größen Energiedosis, spezifische Energie und Kerma (Abk. für »kinetic energy in matter«). **Definition:** 1 Gray (Gy) ist die Energiedosis, die einer homogen verteilten Materie der Masse 1 kg durch ionisierende Strahlung die Energie 1 Joule (J) zuführt.

$$1 \, Gy = 1 \, J \, / \, kg$$
$$= 100 \, rad \, (\text{veraltete Einheit})$$

Fanatischer Datensammler

Das wichtigste Hilfsmittel für Gray war ein starker 400-kV-Neutronengenerator, mit dem er die Wirkung ionisierender Strahlen auf biologische Materie direkt messen konnte. Sieben Jahre lang sammelte
und registrierte er mit eiserner Energie eine immense Zahl von Meßdaten. Diese Datensammlung war für die Entwicklung der Strahlentherapie des Krebses von unschätzbarem Wert. Als Gray während
des Zweiten Weltkrieges eine Einladung bekam, nach Cambridge zurückzukehren, um sich dort der Neutronenforschung zu widmen,
lehnte er ab. An einer Forschung, die auch für militärische Zwecke
genutzt werden konnte, mochte er sich nicht beteiligen.

Nach dem Krieg wechselte Gray an das Radiotherapeutische Forschungsinstitut am Londoner *Hammersmith Hospital*. Dort konnte
er ein leistungsstarkes Cyclotron aufbauen, das weitere Fortschritte
bei der Untersuchung der durch Bestrahlung erzeugten biologischen
Effekte ermöglichte. Forschungsziel war eine verstärkte Wirkung ionisierender Strahlen auf Tumorzellen bei größtmöglicher Schonung
des umgebenden gesunden Gewebes.

Wegen persönlicher Differenzen mit der Klinikleitung mußte
Gray im Jahr 1954 seine Forschungen an diesem Hospital aufgeben.
Er kehrte an seine frühere Wirkungsstätte am *Mount Vernon Hospital* in Northwood zurück. Nach seinen Plänen wurde dort das erste
Radiobiologische Institut der Welt errichtet. Es trägt heute seinen
Namen: *Gray Laboratory of the Cancer Research Campaign.*

Die Teeküche vergessen

Für den Neubau des *Gray Laboratory of the Cancer Research Campaign* in Northwood zeichnete Harold Gray verantwortlich. Mehr als
zwei Jahre brütete er über den Bauplänen, und auch bei der Ausführung führte er die Aufsicht.

Als das neue Laboratorium mit großem Pomp eingeweiht wurde,
stellte sich ein – für englische Verhältnisse unverzeihlicher – Planungsfehler heraus. Der leidenschaftliche Teetrinker Gray hatte in
der Planung ausgerechnet die Teeküche vergessen, ein Versäumnis,
über das sich das Klinikpersonal noch jahrelang amüsierte. Gray, der
für sein ansteckendes Lachen bekannt war, lachte mit.

Das mit modernsten Geräten ausgestattete Forschungsinstitut bot ideale Arbeitsbedingungen. Zahlreiche Kapazitäten auf dem Gebiet der Radiobiologie rechneten es sich zur Ehre an, unter der Leitung von Professor Gray forschen zu können. Schwerpunkt seiner Arbeiten bildeten Untersuchungen über den »Sauerstoffeffekt«, d. h. den Einfluß des Sauerstoffs auf die Strahlenempfindlichkeit der Zellen, und die Verwendung inerter Gase für den Strahlenschutz. Auch die neue Methode der Elektronenspin-Resonanzspektroskopie war Gegenstand eingehender Forschungen.

Hohe Auszeichnungen für den Vater der Radiobiologie

Grays Forschungen fanden in der Fachwelt große Beachtung. Zahlreiche Organisationen suchten seinen Rat, in vielen Fachausschüssen war seine Mitarbeit gefragt. Das *British Institute of Radiology* wählte ihn zum Präsidenten, die *Royal Society* zu ihrem *Fellow*. Für seine Verdienste auf dem Gebiet der Strahlenforschung bekam er den Röntgenpreis und die Faraday-Medaille. Als die *Association for Radiation Research* einen großen Internationalen Kongreß für das Jahr 1962 nach Harrogate einberief, fiel die Wahl des *Chairman* beinahe zwangsläufig auf den »Vater der Radiobiologie« Harold Gray.

Die drei Jahre dauernden Vorbereitungen überforderten die Kräfte des ehrgeizigen Wissenschaftlers. Kurz nach Beendigung des Kongresses erlitt der 57jährige Gray einen Schlaganfall, von dem er sich nicht wieder völlig erholte. Er starb am 9. Juli 1965 in Northwood. Seine Asche wurde in sein »grünes Paradies« überführt, auf die kleine Kanalinsel Alderney, wo er Jahr für Jahr seinen Urlaub verbracht hatte.

Zehn Jahre später bestimmte die 15. »Generalkonferenz für Maß und Gewicht« den Namen Gray als Bezeichnung für die neu geschaffene Maßeinheit der Energiedosis ionisierender Strahlen. 30 Jahre zuvor hatte sich der so Geehrte einen anderen Namen dafür ausgedacht. Die früher übliche Bezeichnung »rad« stammte von ihm, eine Abkürzung für »radiation absorbed dosis«. Nie hätte er gedacht, daß diese Maßeinheit einmal durch seinen eigenen Namen abgelöst würde.

Der amerikanische Nationalheld

Joseph Henry (1797–1878), Entdecker
der elektromagnetischen Selbstinduktion

Joseph Henry, amerikanischer Physiker
* 17. Dezember 1797 in Albany/New York
† 13. Mai 1878 in Washington

Jenseits des Atlantiks ist sein Name viel besser bekannt als diesseits, in der Alten Welt. In der Zeit der industriellen Revolution waren es fast ausschließlich europäische Ingenieure, Techniker und Naturwissenschaftler, die den Ton angaben, wenn es um Erfindungen und technische Neuerungen ging. Die Eisenbahn und die Dampfmaschine wurden in England erfunden, die Elektrizität in Italien und Frankreich, der Dynamo und das Auto in Deutschland.

Die europäische Dominanz in den technischen Wissenschaften spiegelt sich auch bei den SI-Einheiten wider. Nur ein einziger Technikpionier, der nicht in Europa geboren ist, taucht in der Liste der Namensgeber auf: Joseph Henry. Als sein Name auf dem 1893 nach Chicago einberufenen Elektrikerkongreß in den Rang einer Maßeinheit erhoben wurde, waren die Amerikaner außer sich vor Freude: Nun hatten sie einen neuen Nationalhelden.

Joseph Henry stammte aus Albany, der Hauptstadt des amerikanischen Bundesstaats New York. Seine Jugend stand unter keinem guten Stern. Der Vater, ein Tagelöhner schottischer Herkunft, war häufig krank und konnte die Familie kaum ernähren; oft mußte Joseph

hungrig schlafen gehen. Als der Vater starb, kam der Junge zur Großmutter nach Galway (Saratoga). In der Distriktschule zeigte er zunächst wenig Neigung, Rechnen und Schreiben zu lernen. Zum Lesen kam er erst durch einen sonderbaren Zufall: Sein zahmes
Kaninchen hatte sich im Keller des Gemeinschaftshauses verkrochen.
Henry stieg ihm nach und gelangte in einen Raum, wo er eine Bü-
cherkiste fand. Eines der Bücher nahm er heimlich an sich und fing
zu Hause an, den Text zu entziffern. Es war die Geschichte einer
ebenso armen Familie wie seine eigene. Joseph Henry fühlte sich an-
gesprochen. Als er sich nach Wochen durch das Werk hindurchbuch-
stabiert hatte, konnte er fließend lesen.

Mit zehn Jahren mußte Joseph vormittags Botendienste machen,
erst nachmittags durfte er die Schule besuchen. Mit 13 begann er eine Lehre als Uhrmacher und Silberschmied. Hier lernte er mit fein-
mechanischen Werkzeugen umzugehen, was ihm für seine späteren
wissenschaftlichen Aufgaben sehr zugute kam. Der großgewachsene,
hübsche Junge begeisterte sich fürs Theater, er schrieb zwei Theater-
stücke und gründete eine Jugendgruppe – »das Rostrum« –, wo er
mit seinen Freunden Komödien inszenierte.

Eine neue Welt des Denkens

Für den jungen Mann begann nun eine unruhige Zeit. Zehn Jahre
lang war er auf der Suche nach seiner beruflichen Zukunft. Durch
Vermittlung eines Freundes durfte er einem Chemieprofessor bei seinen Vorlesungen assistieren. In der Hoffnung, später einmal Arzt

---

Die SI-Einheit Henry
Das Henry ist die abgeleitete SI-Einheit der Induktivität.
Definition: 1 Henry (H) ist die Induktivität einer geschlossenen Win-
dung, die, von einem Strom der Stärke 1 Ampere (A) durchflossen, im
Vakuum den magnetischen Fluß 1 Weber (Wb) erzeugt.

$$1\,H = 1\,V\,s\,/\,A$$
$$= 1\,Wb\,/\,A$$
$$= 1\,m^2\,kg\,/\,A^2\,s^2$$

*Henry in jungen Jahren
(etwa 1831, als er den großen Magneten
erfand)*

werden zu können, belegte er Kurse in Anatomie. Um hinter die Geheimnisse der Differentialrechnung zu kommen, lernte er an der Abendakademie fleißig Mathematik. Als das Geld ausging, übernahm er zuerst die Stelle eines Hilfslehrers an der Dorfschule, dann die eines Privatlehrers für die Kinder eines Generals. In den Ferien arbeitete er als Aufseher und Landvermesser beim Straßenbau. Am städtischen Observatorium mußte er monatelang Meßergebnisse registrieren, um herauszufinden, ob zwischen auffälligem Benehmen von Haustieren und der Konstellation der Gestirne ein Zusammenhang bestehe. Fasziniert von der Dampfmaschine des Schotten James Watt, beschäftigte er sich mit den Gesetzmäßigkeiten der Kompression und Expansion von Dämpfen und Gasen.

Durch Zufall bekam Henry ein Buch in die Hand, das seine Phantasie mächtig beflügelte. Der Verfasser, ein englischer Pfarrer, stellte scheinbar einfache physikalische Fragen: »Wirf einen Stein in die Luft; warum bleibt er nicht in der vorgegebenen Richtung?« Oder: »Du blickst in einen klaren Brunnen und siehst Dein Gesicht, als ob es darin gemalt wäre. Warum?« Dieses Buch gab seinem Leben die entscheidende Wendung. »Es eröffnete mir eine neue Welt des Denkens, es legte meinen Geist auf das Naturstudium fest und brachte mich zu dem Entschluß, mein Leben der Erwerbung von Wissen zu weihen.« Für die Bürger seiner Heimatstadt Albany hielt Joseph Henry Experimentalvorträge über Wärme und Dampf, Elektrizität und Magnetismus, Schall und Schwingungen. Die Zuhörer staunten nicht schlecht, wenn Henry auf offener Bühne Wasser in einen Eisblock verwandelte. Was sie nicht wußten: Henry kannte den Abkühlungseffekt einer plötzlichen, adiabatischen Druckentlastung. In der

Lokalzeitung publizierte Henry eine Serie von populärwissenschaftlichen Aufsätzen. So wurde die Akademie von Albany auf ihn aufmerksam. Sie berief den 28jährigen auf den Lehrstuhl für Mathematik und Naturwissenschaften.

Seidene Fäden aus Mutters Hochzeitskleid

Als Joseph Henry erfuhr, daß der englische Physiker William Sturgeon (1783–1850) einen kleinen Elektromagneten konstruiert hatte,
der neun englische Pfund heben konnte, ließ er alle anderen Arbeiten
liegen und beschäftigte sich intensiv mit dem Elektromagnetismus.
Sturgeon hatte 18fache Windungen eines Kupferdrahts um eine ge-
firnißte, hufeisenförmig geboge-
ne Weicheisenstange gewickelt.
Henry erkannte, daß sich das
Magnetfeld fast beliebig ver-
stärken läßt, wenn man die
Zahl der Drahtwindungen ver-
mehrt. Das Problem war, daß
sich die Drähte nicht berühren
durften, sonst entstand ein
Kurzschluß. (Die Isolierung von
Drähten durch Lackschichten
war damals noch unbekannt).
Eines Abends kam ihm plötzlich
die zündende Idee. Mitten im
Gespräch sprang er auf und er-
klärte: »Morgen werde ich ein
Experiment durchführen, das
mich berühmt machen wird!«
In der Nacht trennte er das
seidene Hochzeitskleid seiner
Mutter auf und isolierte mit den
Seidenfäden mehrere hundert
Meter eines dünnen Kupfer-
drahts. Mit dem so isolierten
Draht umwickelte er den Eisen-

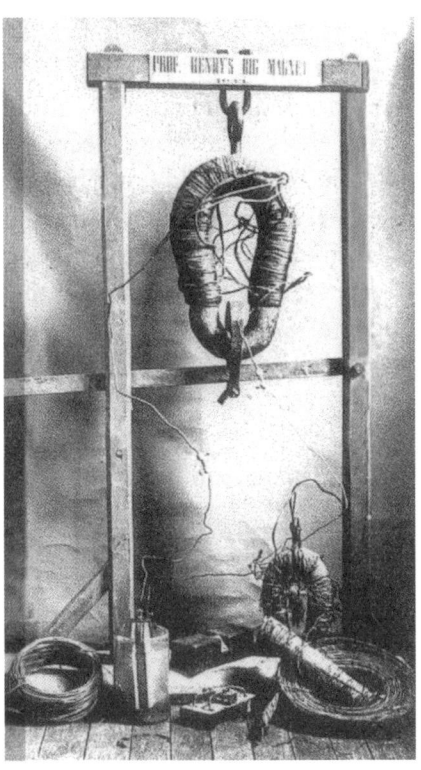

Henrys erster Elektromagnet konnte mit dem schwachen Strom einer Volta-Batterie bereits das 50fache seines Eigengewichtes heben

kern seines Elektromagneten mit engsten Windungen und in mehreren Lagen. Die stumpfsinnige Arbeit machte sich bezahlt: Henrys erster Elektromagnet konnte mit dem schwachen Strom einer kleinen Volta-Batterie bereits das Fünfzigfache seines Eigengewichtes heben. Nun baute er immer stärkere Magneten. Das größte Exemplar (1831) schaffte spielend 1500 kg. Die Welt staunte, und die Industrie freute sich. Nun konnte man riesige Hebekräne konstruieren, um Eisenschrott und Schienen zu verladen.

Ermutigt von diesem Erfolg, spannte der junge Physikprofessor entlang der Wände des Hörsaals einen Kupferdraht von mehr als einer Meile Länge. An dem einen Ende schloß er seine »Voltaische Batterie« an, am anderen Ende einen Elektromagneten. Bei jedem Stromstoß bewegte sich der Magnet und ließ eine Glocke erklingen. Der erste elektrische Fernschreiber, ein »Telegraph«, war erfunden. Henry lehnte es grundsätzlich ab, seine Erfindungen patentieren zu lassen, »weil es mit der Würde der Wissenschaft unvereinbar ist, die Wohltaten, die sie spendet, zum ausschließlichen Nutzen eines einzelnen einzuschränken«. Sechs Jahre später (1837) mußte er erleben, daß sein Landsmann und Freund Samuel Morse, den er jahrelang beraten und großzügig unterstützt hatte, die Erfindung des Telegraphen auf seinen eigenen Namen patentieren ließ. Morse (1791–1872) übersetzte die elektrischen Impulse durch einen Punkt-und-Strich-Code in Worte und Nachrichten. Das Morse-Alphabet machte ihn weltberühmt.

Phantasie und unstillbare Neugier

Die Erfolge des Experimentators Henry blieben der Fachwelt nicht verborgen. Die Entdeckung der elektrischen Induktion (1831 unabhängig von Faraday gefunden) machte ihn weltberühmt. Die sogenannte »Selbstinduktion« – die identische Wirkung des Magnetfeldes auch im erzeugenden Leiter – spielte eine entscheidende Rolle beim Bau elektrischer Leitungsnetze.

Das renommierte College in New Jersey, die jetzige *University of Princeton,* berief ihn 1832 auf den Lehrstuhl für Physik. Neben seiner Lehrtätigkeit setzte er die Erforschung des Elektromagnetismus fort. Eine große Zahl technischer Erkenntnisse und Verbesserungen stammen aus dieser Zeit, so die Erfindung des elektrischen Relais, die Konstruktion eines Elektromotors, die Erforschung der Funktionsweise eines Transformators, die Wirkungen der Induktivität über große Entfernungen und die Untersuchung des Schwingungscharakters elektrischer Entladungen der Leydener Flasche. All diesen Befunden kam u. a. für die spätere Entwicklung der Radiotelegraphie und des Rundfunks große Bedeutung zu.

Ein besonderes Erlebnis war für Henry eine einjährige Reise nach Europa. Hier lernte er die großen Wissenschaftler jenseits des Atlantiks persönlich kennen und konnte mit ihnen Erfahrungen austauschen. Seine Experimentalvorträge wurden begeistert aufgenommen. Michael Faraday war von den Künsten seines amerikanischen Kollegen so angetan, daß er am Ende eines Vortrags aufsprang und vor versammeltem Publikum ein Hoch auf Henry ausbrachte: »Hurra für das Yankee-Experiment!«

Henrys Freude am Experimentieren, seine Phantasie und die unstillbare wissenschaftliche Neugier führten ihn immer wieder zu erstaunlichen Ergebnissen. So baute er mit einfachen Mitteln eine Vorrichtung, die es ihm erlaubte, auf elektrischem Wege die Geschwindigkeit von Gewehrkugeln zu messen. Ein andermal interessierte er sich für die eben erst entdeckten Sonnenflecken, wenig später untersuchte er die Phänome des Nordlichts und der Phosphoreszenz. Er projizierte die Sonnenscheibe auf einen Wandschirm und wies mit Hilfe eines von ihm selbst gebauten, hochempfindlichen Thermogalvanometers nach, daß die dunklen Flecken der Sonne kühler sind als die anderen Gebiete auf ihrer Oberfläche. Das Schillern von Seifenblasen brachte ihn auf den Gedanken, mit Hilfe der »Newtonschen Ringe« die Schichtdicke dünner Flüssigkeitsfilme zu messen. Joseph Henry brachte alle seine Befunde säuberlich zu Papier und veröffentlichte sie in Fachzeitschriften. So wurde der Name Henry in ganz Amerika bekannt und zum Inbegriff des modern denkenden, erfindungsreichen und fortschrittlichen amerikanischen Wissenschaftlers.

Die Rache eines unehelichen Abkömmlings

Am 3. Dezember 1846 wurde Joseph Henry zum ersten Direktor der neugegründeten *Smithsonian Institution* in Washington D.C. gewählt. Der Gründung dieser wissenschaftlichen Einrichtung war in Amerika ein jahrelanger, erbitterter Streit vorausgegangen. Die Vorgeschichte: Im Jahr 1829 war in England James Smithson gestorben, ein illegitimer Sohn des Herzogs von Northumberland. Wegen seiner unehelichen Abstammung wurde der Wissenschaftler von der englischen Aristokratie zeitlebens geschnitten. Um sich zu rächen, vermachte er sein gesamtes Vermögen, etwa eine halbe Million Pfund Sterling, einer »Stiftung zur Vermehrung und Verbreitung des Wissens unter den Menschen«. Ein Forschungsinstitut mit wissenschaftlichen Sammlungen sollte seinen Namen tragen. Die einzige Bedingung: Es durfte nicht in England errichtet werden, sondern in Amerika. Mr. Smithson, der nie amerikanischen Boden betreten hatte, verehrte die Amerikaner, »weil sie, im Gegensatz zu den Briten, frei von Standesdünkel« seien. In seinem Testament erklärte er auch den Grund für seine Großzügigkeit: »Mein Name soll im Andenken der Menschen fortleben, wenn die Titel der Northumberlands längst erloschen und vergessen sind.«

Die Smithsonian Institution in Washington, eine »Brutstätte der amerikanischen Wissenschaft«. Erbaut im neuromanischen Stil, Mitte 19. Jh.

Joseph Henry im Kreis seiner Familie

Im Jahr 1838 wurde Mr. Smithsons Erbe, 106 Säcke mit je tausend britischen Goldsovereigns, nach Amerika geschickt. Dort entspann sich eine scharfe Debatte, ob es nicht unter der Würde des amerikanischen Volkes sei, das Geschenk eines Engländers anzunehmen. Nach jahrelangen Redeschlachten nahm der Kongreß das Erbe endlich doch an, und der Gründung der *Smithsonian Institution* stand nichts mehr im Wege. Unter ihrem ersten Leiter Joseph Henry entstand hier der größte Museums- und Forschungskomplex der Welt, ein »Brutkasten der amerikanischen Wissenschaft«.

Der amerikanische Wetterfrosch

Auch in der neuen Position konnte Henry von seiner Experimentierleidenschaft nicht lassen; er beschäftigte sich mit immer neuen Projekten. Sein Hauptinteresse galt nun dem Wettergeschehen. Er warb

freiwillige Wetterbeobachter an und organisierte ein telegraphisches
Netz zur Übermittlung der Wetterdaten. Henry zeichnete die erste
Wetterkarte in der Geschichte der Meteorologie und schuf die wissenschaftlichen Grundlagen für das System der täglichen Wetterprognosen. Im Auftrag der amerikanischen Regierung konstruierte
er Leuchttürme sowie Nebelhörner mit größerer Reichweite und erfand verbesserte Navigationsinstrumente, um die Küstenschiffahrt
sicherer zu machen. Während des amerikanischen Bürgerkrieges ernannte ihn Präsident Lincoln zu seinem Chefberater. Trotz seiner
herausragenden Stellung blieb Henry bescheiden. Er begnügte sich
mit 3500 Dollar Jahresgehalt für seine Stellung als Sekretär des Instituts. Gehaltszulagen, Ehrentitel und Entschädigungen für die zahlreichen Nebenaufgaben, die das Amt mit sich brachte, lehnte er
grundsätzlich ab.

Als Joseph Henry im Alter von 81 Jahren in Washington starb, be-
trauerte ihn die ganze amerikanische Nation. In Nachrufen würdig-
te man ihn als großen Erfinder, Lehrer und Organisator. Einer seiner
Biographen schrieb: »There is no greater name in American science.«

Henrys Nachlaß – eine Fundgrube für Historiker
Joseph Henry hat einen umfangreichen Briefwechsel und ein riesiges
Konvolut schriftlicher Notizen hinterlassen. Diese sind nicht nur für
die Wissenschaft, sondern auch für die Historiker von unschätzbarem Wert. Kein anderer Wissenschaftler hat der Nachwelt so viele
Informationen über das Leben seiner Zeit überlassen wie er. Die privaten Aufzeichnungen, in denen Henry seine persönlichen Erleb-
nisse, Erinnerungen an Zeitgenossen, amüsante Anekdoten und Be-
richte über politische Geschehnisse festgehalten hat, wurden in
mühsamer Kleinarbeit geordnet und registriert. Sie umfassen zwölf
dicke Bände, von denen bisher erst die Hälfte unter dem Titel *The
Papers of Joseph Henry* erschienen sind.

Schnelle Wellen

Heinrich Hertz (1857–1894),
Wegbereiter von Radio und Fernsehen

Heinrich Rudof Hertz, deutscher Physiker
* 22. Februar 1857 in Hamburg
† 1. Januar 1894 in Bonn

Wer sich einen neuen, leistungsfähigeren PC kaufen will, richtet sich – neben der Speichergröße – vor allem nach der Taktrate des Prozessors. Je höher die Taktrate, um so schneller arbeitet der Computer. Radiohörer finden den gewünschten UKW-Sender auf einer bestimmten Frequenz. Beide, der Computerfreak wie auch der Radio-Fan, bedienen sich für ihre Wahl derselben Buchstabenkombination: MHz. Das M steht für Mega und meint im Klartext 1 Million. Hz ist eine Abkürzung des Namens Hertz.

Der Karlsruher Professor Heinrich Hertz hat durch die Entdeckung der elektromagnetischen Wellen den Weg bereitet für das heutige weltumspannende Netz von Rundfunk- und Fernsehsendern. Heinrich Hertz gilt als einer der bedeutendsten Physiker im ausgehenden 19. Jahrhundert.

Heinrich Hertz hatte das Glück, in einem kultivierten und gutsituierten Elternhaus aufzuwachsen. Sein Vater, der Hamburger Rechtsanwalt und spätere Senator der Freien Hansestadt, Dr. Gustav Hertz, war ein wohlhabender, gebildeter Mann mit humanistisch-liberaler

Gesinnung, die Mutter eine warmherzige Frau, die ihren Kindern viel
Verständnis entgegenbrachte.

In der Schule ein »Stern erster Größe«

Heinrich Rudolf, im Familienkreis meist Heins genannt, war der
Stolz der Eltern. Schon früh fiel das Kind durch sein phänomenales
Gedächtnis auf. Mit drei Jahren konnte der Junge bereits etwa hun-
dert Fabeln, die ihm die Mutter vorgelesen hatte, aufs Wort genau
nacherzählen. Bei vielen Gelegenheiten bewies er auch ein hohes
Maß an manueller Geschicklichkeit.

In der städtischen Bürgerschule glänzte der Junge »als Stern erster
Größe«. Der Lehrer schrieb dem Neunjährigen ins Zeugnis: »Keiner
übertrifft ihn an Schnelligkeit und Schärfe der Auffassung.« In allen
Fächern war Heinrich Klassenbester, mit einer Ausnahme: im Singen
bekam er stets die Note »Ungenügend«. In der Poesie fand er musi-
schen Ausgleich; die Verse von Homer und Dante begleiteten ihn ein
Leben lang.

In der Gewerbeschule, die er sonntags besuchte, lernte der junge
Hertz Mathematik und technisches Zeichnen. In der Werkstatt wurde er in die Künste des Schreinerhandwerks eingeweiht. Zum zehn-
ten Geburtstag schenkten ihm die Eltern eine Drechselbank, ein
Handwerksmeister gab ihm Drechselunterricht. Als der Meister
Jahrzehnte später erfuhr, daß sein ehemaliger Lehrling ein weltbe-
rühmter Professor geworden war, meinte er bedauernd: »Ach, wie
schade. Was wäre aus Heinrich doch für ein tüchtiger Drechsler geworden!«

Damit war die Lernbegierde des jungen Heinrich aber noch im-

Die SI-Einheit Hertz
Das Hertz ist die Einheit der Frequenz.
Definition: 1 Hertz (Hz) ist gleich der Frequenz eines periodischen
Vorganges mit der Periodendauer eine Sekunde.

$$1\,Hz = 1/s$$

mer nicht befriedigt. Der Vater schickte ihn zu einem Privatlehrer, der ihn auf das humanistische Gymnasium vorbereitete. Im Frühjahr 1875 legte Hertz an der »Gelehrtenschule« des Johanneums in Hamburg die Reifeprüfung ab. In seinem Zeugnis wurden die scharfe Logik, das sichere Gedächtnis und die Präzision des Ausdrucks hervorgehoben, bemängelt lediglich die »Monotonie des Vortrags«.

Welchen Beruf sollte Hertz ergreifen? Dem Hochbegabten standen alle Wege offen, doch er konnte sich lange nicht entscheiden, ob er Preußischer Baumeister oder Universitätsprofessor der Naturwissenschaften werden wollte.

Falsche Berufswahl

Er entschied sich zunächst für die Baumeister-Laufbahn. Das sollte sich später als falsche Alternative herausstellen. Die Arbeit als Praktikant in einem Baubüro nahe der Frankfurter Paulskirche befriedigte ihn überhaupt nicht. Das Arbeitsmilieu war muffig, kaum ein freundliches Wort wurde gewechselt, und auch im privaten Bereich fühlte er sich ziemlich einsam. So vertrieb er sich, mißlaunig und von Heimweh geplagt, die Zeit mit Lesen, Modellieren und Zeichnen. Er studierte griechische Klassiker, löste mathematische Aufgaben, lernte Arabisch, sezierte Frösche unter dem Mikroskop, beschäftigte sich mit Physik und Physiologie. »Ich mache alles durcheinander, wie ein Verrückter«, schrieb er in sein Tagebuch.

Froh, das unbefriedigende Praktikantenjahr hinter sich zu haben, nahm Hertz das Studium der Ingenieurwissenschaften am Polytechnikum in Dresden auf. Wiederum wurden seine Erwartungen nicht erfüllt. Die Vorlesungen boten wenig neue Erkenntnisse, die Professoren langweilten ihn, er fühlte sich erdrückt von der Fülle des Lernstoffes. Enttäuscht verließ er nach fünf Monaten Dresden, um in Berlin seinen einjährigen Militärdienst abzuleisten. Dem Kasernenleben und preußischen Drill konnte der auf die Wissenschaft versessene junge Mann wenig Geschmack abgewinnen. Gegen Ende der Dienstzeit zählte er jeden Tag, der ihm die Entlassung näher brachte. Im Wintersemester 1877/78 nahm er das Ingenieurstudium wieder auf, diesmal am Polytechnikum in München. Kopfüber stürzte er sich in die Arbeit und belegte alle erreichbaren Vorlesungen. Wenige Wochen genügten ihm jedoch zur Einsicht: Aus ihm würde nie und nimmer ein begeisterter Ingenieur werden.

Goldmedaille – aus der eigenen Tasche bezahlt

Mit dem Einverständnis der Eltern sattelte er nun auf das Fach Naturwissenschaften um. Er belegte Mathematik, Physik, Zoologie und Astronomie, studierte Newtons Werke und die Arbeiten von Leibniz. Zum erstenmal fühlte sich Hertz in seinem Element. Nach einem Jahr wechselte er noch einmal die Universität. In Berlin lehrten damals die großen Physiker Hermann von Helmholtz (1821–1894) und Robert Kirchhoff (1824–1887). Sie nahmen den hochbegabten Studenten Hertz unter ihre Fittiche und förderten ihn nach Kräften. Eine experimentelle Preisarbeit »über die Trägheit der Elektrizität« löste Heinrich Hertz spielend und gewann damit den ersten Preis, eine Goldmedaille. Die Freude über die hohe Auszeichnung wurde allerdings getrübt: Heinrich Hertz mußte den Goldwert der Münze selbst bezahlen und an der Kasse des Kultusministeriums die (damals) stolze Summe von 250 Mark entrichten. Der Ärger über die Knauserigkeit des Preußischen Staates war von kurzer Dauer. Wenig später bot ihm die Berliner Humboldt-Universität die Stelle eines Forschungs- und Vorlesungsassistenten an. Das kam ihm sehr gelegen, denn so konnte er sowohl seine theoretischen Kenntnisse als auch die praktischen Fähigkeiten erweitern.

Nach fünf Studiensemestern und sechs Wochen intensiver Arbeit reichte der 23jährige seine Dissertationsarbeit ein. Anfang 1880 stellte er sich im Frack mit Zylinder und weißen Handschuhen der Abschlußprüfung, die er mit der Note »sehr gut« bestand. Vor Freude und Erleichterung vergaß der Kandidat im Examensraum den geliehenen Paletot.

An der Universität Kiel erhielt Heinrich Hertz eine Privatdozentur und durfte seine ersten Vorlesungen halten. Die Enttäuschung war groß. Nur drei Studenten, manchmal nur zwei, interessierten sich für den Vortrag des jungen, hübschen Dozenten mit dem sauber ausrasierten Backenbart. Offensichtlich konnten die Studenten seinen Ausführungen über die »mechanische Wärmetheorie« nicht folgen, was Hertz zu dem Ausspruch veranlaßte: »Meine Herren, ich sehe,

Sie verstehen mich nicht, es muß ja sehr langweilig für Sie sein. Ich will Ihnen lieber etwas aus *Tausendundeiner Nacht* vorlesen.«

Neuer Schwung in Karlsruhe

Im Sommer des Jahres 1885 schloß Heinrich Hertz die Habilitation ab und erhielt einen Ruf an die Technische Hochschule in Karlsruhe. Das Physikalische Institut war apparativ sehr gut ausgestattet und bot dem Lehrstuhlinhaber damit optimale Arbeitsbedingungen. Endlich konnte sich Hertz einen langgehegten Wunsch erfüllen: den experimentellen Nachweis der elektromagnetischen Wellen, von deren Existenz der schottische Physiker Maxwell (1831–1879) bereits 1865 überzeugt gewesen war. Lichtwellen und elektrische Schwingungen, so die Maxwellsche Theorie, müßten grundsätzlich wesensgleich sein. Eine schwingende elektromagnetische Störung, also etwa eine Funkenentladung, würde elektromagnetische Wellen erzeugen, die sich mit Lichtgeschwindigkeit ausbreiten. Diese Hypothese war in Fachkreisen heftig umstritten, zumal sie von Maxwell experimentell nicht bewiesen werden konnte.

Das Physikalische Labor der Technischen Hochschule in Karlsruhe (um 1885)

Großer Oszillator (unten) und zwei Resonatoren

Hertz gelang dieser Nachweis mit einer verhältnismäßig einfachen Versuchsanordnung: Er verband eine Induktionsspule mit zwei großen hohlen Metallkugeln, die im Abstand von etwa zehn Millimetern nebeneinander angeordnet waren. Wurden die Kugeln durch eine starke Batterie elektrisch aufgeladen, sprang von einer Kugel zur anderen ein Funke – ein altbekannter Induktionsversuch. Im Abstand von einem Meter montierte Hertz nun eine Drahtschlinge, an der ebenfalls zwei Metallkugeln befestigt waren. Jedesmal, wenn zwischen dem ersten Kugelpaar ein Funke übersprang, geschah dasselbe auch beim zweiten Kugelpaar, obwohl keine feste Verbindung bestand.

Mit diesem Versuch konnte Hertz im Herbst des Jahres 1886 erstmals beweisen, daß es tatsächlich elektromagnetische Wellen gibt, die sich durch die Luft fortpflanzen.

Die Tragweite seiner Entdeckung nicht erkannt

In den nächsten drei Jahren erforschte Hertz die Eigenschaften der elektromagnetischen Wellen. Er untersuchte ihre Interferenz und die Reflexion, ihre Polarisation und die Beugung. So erbrachte er den Nachweis, daß die Ausbreitungsgeschwindigkeit dieser Wellen identisch ist mit jener des Lichtes und daß das Licht somit nichts anderes ist als eine besondere Form elektromagnetischer Wellen. Hertz faßte seine Arbeitsergebnisse in einem Werk zusammen, das den Titel trägt: *Über Strahlen elektrischer Kraft.*

Merkwürdigerweise hat Hertz die enorme Bedeutung seiner Entdeckung nicht erkannt. Sie führte acht Jahre später (durch den italienischen Physiker Guglielmo Marconi) zur drahtlosen Nachrichtenübermittlung und 1906 zur Erfindung des Radios.

Noch heute erinnert die Bezeichnung »Rundfunk« an das von Heinrich Hertz durchgeführte Experiment, obwohl man zur Übertragung von Radiosendungen schon längst keine überspringenden Funken mehr benötigt.

Weitere Fernwirkungen der Elektrizität

Hertz' Entdeckung der elektrischen Wellen fand in der Fachwelt große Anerkennung, sein Name wurde weltberühmt. Die *Royal Society* lud ihn nach London ein, wo er mit den Größen der englischen Physik zusammentraf.

Hertz erhielt nun mehrere Berufungen. Er hatte die Wahl, nach Gießen zu wechseln (als Nachfolger von Wilhelm Röntgen), nach Berlin (als Nachfolger seines Lehrers Kirchhoff) oder an die Universität Bonn. Hertz wählte kurzentschlossen Bonn, weil er hier in das schöne Haus seines Amtsvorgängers Rudolf Clausius (1822–1888) einziehen konnte.

In Fortsetzung seiner Forschungen beschäftigte er sich weiter mit den Fernwirkungen der Elektrizität. Die Ergebnisse hatten für spätere technische Entwicklungen große Bedeutung. So führte seine Erkenntnis, daß Kathodenstrahlen dünne Metallschichten durchdringen, ohne ihre Eigenschaft zu verlieren, sich geradlinig auszubreiten, schon wenige Jahre später zur Entdeckung der Röntgenstrahlen. Die Tatsache, daß elektromagnetische Strahlen polarisiert und reflektiert werden können, war die Grundlage zur Entwicklung des Radars. Der von Hertz entdeckte Photoeffekt, das Herauslösen von Elektronen aus dem Inneren eines Festkörpers bei Bestrahlung mit ultraviolettem Licht, begründete einen neuen Zweig der Physik, die Halbleitertechnik.

Früher Tod

Viel Zeit blieb ihm nicht mehr für die Fortführung seiner Forschungen; immer häufiger plagten ihn die Folgen einer zu spät erkannten, von den Zähnen ausgehenden Infektion. Nach mehreren Operationen verschlechterte sich sein Gesundheitszustand rapide. Am 7. Dezember 1893 hielt Hertz seine letzte Vorlesung, drei Wochen später starb er, noch nicht einmal 37 Jahre alt, in seinem Haus in Bonn. Er hinterließ eine junge Frau und zwei kleine Töchter. Wenige Tage vor seinem Ende hatte er noch in einem Brief an seine Eltern geschrieben:

Das Wohnhaus von Heinrich Hertz in Bonn

»Wenn mir wirklich etwas geschieht, so sollt Ihr nicht trauern, sondern sollt ein wenig stolz sein und denken, daß ich dann zu den besonders Auserwählten gehöre, die nur kurz leben und doch genug leben.«

Eine Ehrung besonderer Art widerfuhr Hertz posthum, zwei Jahre nach seinem Tod. Der russische Physiker Alexander Popow (1859–1906), Erfinder der Antenne, funkte im ersten gelungenen Versuch der drahtlosen Telegraphie, in der ersten Übertragung von Morsezeichen über eine größere Entfernung hinweg, den Namen des von ihm am meisten bewunderten deutschen Kollegen: Heinrich Hertz.

Ein unbrauchbares Genie

Wie es bei Hochbegabten nicht selten vorkommt, wurde auch Heinrich Hertz in jungen Jahren von heftigen Selbstzweifeln geplagt. 1877 schreibt er seinen Eltern:

»Ich bin nun 20 Jahre alt und habe sozusagen ein Drittel meines Lebens hinter mir, und fühle mich doch noch so schwach und unbedeutend und so unfähig, etwas zu tun ... Jeder Tag zeigt mir mehr, wie unbrauchbar ich auf dieser Welt noch bin. Ich weiß etwas Griechisch und etwas Mathematik und etwas dies und das und habe jetzt etwas Billard spielen gelernt, aber brauchbarer bin ich noch nicht geworden.«

Physik im Sudhaus

James Prescott Joule (1818–1889)
und das mechanische Wärmeäquivalent

James Prescott Joule, englischer Physiker
* 24. Dezember 1818 in Salford bei Manchester
† 11. Oktober 1889 in Sale bei London

Wer Gewichtsprobleme hat, weiß, wie schwer der Kampf gegen überflüssige Kalorien ist. Überflüssig sind die Kalorien aber nicht nur im Hinblick auf die gefürchteten Fettpölsterchen, sondern auch als Maßeinheit. Seit zwanzig Jahren ist die Kalorie aus dem amtlichen Verkehr gezogen. Dennoch hält sie sich noch immer hartnäckig gegen ihren Nachfolger, das »Joule«. Ob das an der Macht der Gewohnheit liegt, am schwierigen Umrechnungsfaktor (1 cal $= 4,1868$ J) oder nur daran, daß kaum jemand weiß, wie Joule richtig ausgesprochen wird (nämlich »dschuul«), das sei dahingestellt. Tatsache ist, daß sich keine andere Internationale Maßeinheit so schwer tut, im Kreis der altbekannten Einheiten Ampere, Volt, Watt und Co. akzeptiert zu werden. Nur in wenigen Ländern ist die neue Maßeinheit Joule bereits ohne Einschränkung im Gebrauch, z. B. in Australien und Neuseeland. In vielen Staaten mag man sich von der guten alten Kalorie bis heute nicht trennen, oder man leistet sich den Luxus, die alte und die neue Maßeinheit nebeneinander anzugeben.

Wer war dieser Mr. Joule, nach dem diese ungeliebte Maßeinheit benannt ist?

Sorgenfreie Jugend

James Prescott Joule wurde am Heiligen Abend des Jahres 1818 in Salford bei Manchester geboren. Er wuchs in einer gutsituierten Familie auf. Der Vater, Besitzer einer Bierbrauerei, war um das Wohl seiner Kinder rührend besorgt. James hatte ein angeborenes Rückenleiden. Bis zu seinem 15. Lebensjahr konnte er deshalb die Schule nicht oder nur zeitweise besuchen; er und sein älterer Bruder Benjamin wurden von Privatlehrern unterrichtet.

Die beiden Brüder hatten eine schöne Jugend. Auf ihren Ponys ritten sie über Land, sie bestiegen die umliegenden Berge, ruderten auf den Seen der näheren Umgebung und übten sich im Schießen mit Kleinkalibergewehren und Pistolen. Besonderes Vergnügen machte es ihnen, sich an den Bahndamm zu legen, um auf die »Rocket« zu warten, die inzwischen legendär gewordene Lokomotive des ersten Personenzuges auf der Linie Manchester–Liverpool. Einer der Hauslehrer machte mit den beiden Buben wissenschaftliche Experimente

Die Lokomotive »Rocket« (Rakete), die 1829 den ersten Personenzug auf der Strecke zwischen Manchester und Liverpool gezogen hat. Im Anhänger wurde das für die Dampferzeugung benötigte Wasser transportiert

mit einer Elektrisiermaschine und der Leydener Flasche. Gemeinsam wiederholten sie das nicht ganz ungefährliche Experiment des amerikanischen Naturwissenschaftlers und Staatsmanns Benjamin Franklin (1706–1790), der mit Drachenversuchen die elektrische Natur des Blitzes (Gewitterelektrizität) erforscht hatte. So erlernten die Brüder Joule »spielend« die Grundzüge der Elektrizitätslehre.

Bierbrauerei als Lehrwerkstatt

Als James 16 Jahre alt war, wurde er mit seinem Bruder Benjamin zum berühmten Naturforscher John Dalton (1766–1844) geschickt, dem Begründer der Atomtheorie. Der alte Herr war bettelarm und mußte sich seinen Lebensunterhalt durch Privatstunden verdienen. Mit besonderer Liebe nahm er sich der beiden Söhne des reichen Bierbrauers an und brachte ihnen die Grundzüge der Arithmetik, Algebra und Geometrie bei. Für ihn, den großen Theoretiker, bildeten diese Fächer die wichtigste Grundlage der »physikalischen Wissenschaften«. Erst später unterrichtete er seine Schüler über das Wesen der Materie und über chemische Elemente und Reaktionen.

An den freien Tagen mußten die Brüder in der väterlichen Brauerei arbeiten. Während sich Benjamin um die Buchhaltung kümmerte, beschäftigte sich James mit den technischen Einrichtungen. Das Funktionieren der Pumpen, die Vorrichtungen zum Kühlen und Heizen der Sudkessel, das Arbeiten mit komprimierter Kohlensäure faszinierten den jungen Mann. Erfreut über das technische Interesse seines Sohnes richtete ihm der Vater ein Laboratorium ein. Dort konnte der wißbegierige James alle Experimente praktisch wiederholen, von denen John Dalton im Unterricht theoretisch gesprochen hatte.

Die Eltern Joule pflegten ein gastfreundliches Haus; häufig trafen sich hier die Honoratioren und Gelehrten des Landes. Einer der Gäste war der englische Physiker William Sturgeon (1793–1850), der wenige Jahre zuvor den ersten Elektromagneten gebaut hatte. Der Besuch des berühmten Wissenschaftlers regte den jungen Joule zu eigenen Experimenten an. Mit primitiven Mitteln baute er einen Elektromotor und untersuchte daran die elektromagnetischen Kräfte. Die Ergebnisse veröffentlichte der erst 18jährige im *Jahrbuch der*

Elektrizität. Weitere Aufsätze folgten im Abstand von wenigen Monaten. Sie betrafen die Leistung von Elektromagneten, die Konstruktion eines neuartigen Galvanometers und die Entdeckung, daß die Magnetisierung von metallischen Körpern einem Sättigungspunkt zustrebt.

Nicht alle Experimente führten zum erträumten Erfolg. So scheiterte er – aus heutiger Sicht verständlicherweise – an dem Versuch, mit Hilfe elektrischer Batterien ein Perpetuum mobile zu bauen. Doch dieser Fehlschlag hatte auch sein Gutes: Joule erkannte, daß eine solche Vorrichtung nicht funktionieren konnte, weil immer ein Teil der Energie verloренging. So wurde seine Aufmerksamkeit auf die Wärmeentwicklung stromdurchflossener Leiter gelenkt. Er brachte ein mit einem Draht umwickeltes Glasröhrchen in ein wassergefülltes Gefäß. Mit dieser einfachen Versuchsanordnung bewies er, daß sich das Wasser erwärmte, wenn er den Draht unter Strom setzte. Offensichtlich bestand ein Zusammenhang zwischen Stromstärke, Zeit und Wassertemperatur. Sorgfältig notierte er alle Meßwerte und konnte bald zeigen, daß die in einem Draht pro Zeiteinheit erzeugte Wärme dem Quadrat des Stroms im Draht proportional ist. Joule war erst 22 Jahre alt, als er dieses Gesetz entdeckte, das noch heute seinen Namen trägt, das »Joulesche Gesetz der elektrischen Stromwärme«.

Das Geheimnis der Energieumwandlung

In den folgenden Jahren arbeitete Joule unermüdlich daran, die Wärmeentwicklung von mechanischen Vorgängen zu messen. Bald war er seinen Zeitgenossen in der Genauigkeit seiner Meßmethoden weit überlegen. Er verrührte Wasser und Quecksilber und kontrollierte die Temperatursteigerung in Abhängigkeit von der aufgewendeten Arbeit. Er preßte Wasser durch feinste Düsen, um die Reibungswärme zu messen. Er komprimierte Gase und ließ sie wieder expandieren. In allen Fällen fand er, daß sich die Umwandlung von Wärme in Arbeit und umgekehrt von Arbeit in Wärme immer in demselben Verhältnis vollzieht.

Im Jahr 1847 trug Joule auf einer Tagung der *British Association* in Oxford die Resultate seiner Arbeiten vor. Als begeisterter Ruderer

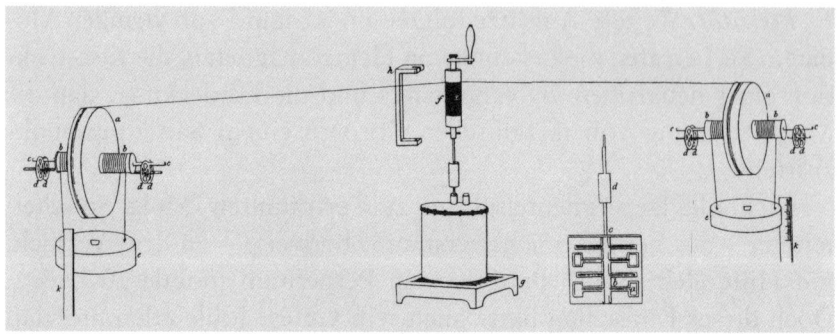

*Das historische »Wasserreibungsexperiment« (1848), mit dem Joule das Wärmeäquivalent
bei der Umwandlung von mechanischer Energie in Wärme bestimmte*

erklärte er das physikalische Gesetz an einem für ihn naheliegenden
Beispiel, das bis heute in vielen Lehrbüchern der Physik zu finden ist:
Die Wärme, die beim Paddeln durch Reibung entsteht, führt zu einer
– wenn auch unmeßbar geringen – Temperaturerhöhung des umgebenden Wassers. Bei einer geeigneten Versuchsanordnung müßte es
jedoch gelingen, die Umwandlung von Arbeit in Wärme direkt zu
messen.

Um das zu beweisen, hatte Joule ein Schaufelrad mitgebracht, das
sich in einem Wasserbecken drehte. An einem Thermometer war die
langsam ansteigende Temperatur abzulesen. Daraus leitete er die allgemeine Regel ab, daß, wann immer lebendige Kraft – scheinbar –
vernichtet wird, sei es durch Reibung, Schlag oder auf eine ähnliche
Art, immer auch ein exaktes Äquivalent an Wärme entsteht. Das war
nichts anderes als eine erste Umschreibung des allgemein gültigen
Satzes von der Erhaltung der Energie.

Sternstunde der Wissenschaft

Unter den Zuhörern in Oxford befanden sich bedeutende Wissenschaftler, darunter Michael Faraday (1791–1867). Doch niemand
schien zu begreifen, welche Bedeutung die vorgetragenen Erkenntnisse hatten. Nachdem aus dem Auditorium keinerlei Resonanz gekommen war, meldete sich ein junger Mann zu Wort und klärte die
Zuhörer darüber auf, daß sie soeben eine Sternstunde der Wissenschaft erlebt hatten. Erstmals sei der Beweis erbracht, daß zwischen

Arbeit und Wärme ein enger Zusammenhang besteht. James Prescott Joule habe damit das »mechanische Wärmeäquivalent« gefunden.

Der junge Mann, der auf diese wissenschaftliche Sensation aufmerksam machte, war William Thomson (1824–1907), der spätere Lord Kelvin. An diesem Tag begann eine vierzig Jahre dauernde Freundschaft zwischen den beiden Physikern. Etwa zwanzig wissenschaftliche Arbeiten und einige grundlegende physikalische Gesetze sind mit den Namen der Freunde Joule und Thomson verbunden, so der in der Kältetechnik benutzte »Joule-Thomson-Effekt«, der die Abkühlung eines frei expandierenden Gases beschreibt, sowie der »Joule-Thomson-Drosseleffekt«, welcher bei der Gasverflüssigung eine wichtige Rolle spielt.

In zahlreichen Aufsätzen und populärwissenschaftlichen Vorträgen beleuchtete Joule sein Thema aus immer neuen Blickwinkeln. Er erklärte, warum die Sternschnuppen glühen, woher die Energie der Passatwinde stammt, warum sich der menschliche Körper beim Bergsteigen erhitzt. Mit großer Erfindungsgabe entwarf er seine Experimente, mit außerordentlichem Scharfsinn beschrieb er seine Beweisführung. Und doch hatte Joule es schwer, sich im Kreis der großen Wissenschaftler zu behaupten. Die Erkenntnis, daß Joule ein neues Kapitel der theoretischen Physik aufgeschlagen hatte, setzte sich nur allmählich durch. Man nahm ihn nicht ganz ernst, was vielleicht auch auf sein äußeres Erscheinungsbild zurückzuführen war. Denn

Die SI-Einheit Joule

Das Joule ist die Einheit der Arbeit, der Energie und der Wärmemenge.

Definition: 1 Joule (J) ist die Arbeit, die zu verrichten ist, wenn sich der Angriffspunkt der Kraft 1 Newton (N) in Kraftrichtung um 1 m verschiebt.

$$1\,J = 1\,N\,m$$
$$= 1\,kg\,m^2\,/\,s^2$$
$$= 1\,W\,s\;(Wattsekunde)$$

Umrechnung:

$$1\,J = 0{,}239\,cal$$
$$1\,cal = 4{,}1868\,J$$

so elegant er in seinen Aufsätzen argumentierte, so unbeholfen und schüchtern gab er sich im persönlichen Gespräch. Es fehlte ihm die mitreißende Sprachbeherrschung, sein Vortrag war trocken und einschläfernd. Seine linkischen, immer etwas nervösen Bewegungen hatten etwas Bäuerliches an sich. Allein sein schöner Kopf mit dem wallenden Bart und die klugen Augen verrieten die hohe Intelligenz und den wachen Geist.

Dazu kam noch etwas anderes: Die Kühnheit seiner Gedankenflüge und die Präzision seiner wissenschaftlichen Beweisführung standen im merkwürdigen Gegensatz zu seiner Haltung in politischen Fragen und im Lebensstil. Joule war politisch, aber auch in geschäftlichen Dingen stockkonservativ. Als Präsident der literarischen und philosophischen Gesellschaft von Manchester widersetzte er sich jeglichem Versuch, ihre manchmal reichlich verzopften Traditionen zu ändern. In der Welt der Wissenschaft war James Prescott Joule zwar sehr bekannt, aber nie richtig populär, genau wie die heute nach ihm benannte Maßeinheit.

Familiäre Krise und finanzielle Katastrophe

Nur selten erfuhr Joule öffentliche Anerkennung. Die Königliche Akademie der Wissenschaften in Turin wählte ihn im Jahr 1849 zu ihrem Mitglied, ein Jahr später erhielt der 32jährige die *Royal Medal* und wurde Mitglied der Königlichen Gesellschaft. Damit hatte Joule den Höhepunkt seiner wissenschaftlichen Karriere auch schon erreicht. In den folgenden vier Jahrzehnten konnte er keine aufsehenerregenden Forschungsergebnisse mehr vorweisen. Viel trug dazu die familiäre Situation bei. Als der Vater 1849 schwer erkrankte, mußte James Prescott Joule die Leitung der Brauerei übernehmen. 1854 starb seine junge Frau und hinterließ ihm zwei kleine Kinder. Wenig später starben nacheinander auch der Vater und der jüngere Bruder. Die Brauerei kam in wirtschaftliche Schwierigkeiten und mußte verkauft werden. Der reiche Bierbrauersohn befand sich unversehens in großen finanziellen Schwierigkeiten. Joule fand zum Glück Unterstützung bei Freunden, auch Königin Victoria setzte ihm eine Jahrespension von 200 Pfund Sterling aus, was ihm ein bescheidenes Auskommen sicherte.

Irrtum auf dem Totenbett

In seinem letzten Lebensjahrzehnt wurde es still um den großen Gelehrten. Seine Lebenskraft war gebrochen, seine Gesundheit verschlechterte sich, oft litt er unter hartnäckigem Nasenbluten, die Arbeitskraft ließ nach. Nur noch selten meldete er sich zu Wort, beispielsweise mit der Anregung für ein elektrisches Schweißverfahren (das im Prinzip noch heute angewendet wird) oder mit der Konstruktion einer Quecksilber-Vakuumpumpe. Doch die Welt nahm von diesen Erfindungen keine Notiz. Joule zog sich in sein Haus in Sale bei London zurück und mochte keine Menschen mehr sehen. Nach langer Krankheit starb er am 11. Oktober 1889.

Auf dem Sterbebett hatte er mit Resignation auf sein Leben zurückgeblickt: »Ich habe in meinem Leben zwei oder drei kleine Dinge geleistet, aber nichts, wovon sich irgendein Aufhebens machen ließe.« Das war sicher nicht der einzige, wohl aber der größte Irrtum seines Lebens.

Folgenreicher Zusammenstoß mit einer Kuh

Nach dem Verlust des Familienbetriebs (1854) wurde es zunehmend ruhig um James Prescott Joule. Freunde wendeten sich von ihm ab, und als die spektakulären Forschungsergebnisse ausblieben, verlor auch die Wissenschaft das Interesse an dem verdienten Gelehrten. Die einzigen Kontakte pflegte Joule noch mit der *Royal Society* in London, jeden Monat besuchte er dort die Vorträge.

Ein ungewöhnlicher Unfall auf der Heimfahrt von London nach Manchester zerschnitt bald auch diesen letzten Draht zur Welt der Wissenschaft. Die Lokomotive stieß mit einer Kuh zusammen, die sich auf den Geleisen verirrt hatte. Der Zug entgleiste, die Waggons kippten um und begruben viele Reisende unter sich, drei Menschen starben. Joule, der im Augenblick des Unglücks ein mathematisches Buch gelesen hatte, kam zwar mit dem Leben davon, doch er, der ohnehin kein allzu starkes Nervenkostüm hatte, weigerte sich, jemals wieder in eine Eisenbahn einzusteigen. Die Besuche bei der *Royal Society* hörten auf, Joule war nicht nur gesellschaftlich, sondern nun auch wissenschaftlich isoliert.

Universalgenie und Lebemann

Lord Kelvin (1824–1907) und der absolute Nullpunkt

Lord Kelvin of Largs, englischer Physiker
* 26. Juni 1824 in Belfast (Nordirland)
† 17. Dezember 1907 in Netherhall bei Largs
(Schottland)

Der tägliche Wetterbericht ist schon überholt, bevor er überhaupt gesendet wird. Er enthält nämlich Zahlen, die streng genommen zum alten Eisen gehören: die Temperaturangaben nach der Celsius-Skala. Würde man sich nach den heute in aller Welt gültigen SI-Maßeinheiten richten, müßte es eigentlich heißen: »Nächtliche Tiefsttemperaturen um 284 Kelvin, Höchsttemperatur am Tag 293 bis 295 Kelvin.« Aber das würde die Bürger doch zu sehr verwirren. Deshalb bleibt der Wetterfrosch auch weiterhin bei seiner Prognose: »Nachts sinken die Temperaturen auf 11 Grad ab, tagsüber Temperaturanstieg auf 20 bis 23 Grad.« Im wissenschaftlich-technischen Bereich allerdings rechnet man heute allgemein mit der thermodynamischen Temperatur, die auf der Kelvin-Skala basiert. Wer war dieser Lord Kelvin, nach dem man sich zu richten hat, wenn es um Kalt oder Warm geht?

Lord Kelvin of Largs wurde 1824 in der nordirischen Hauptstadt Belfast geboren. Damals – und während der längsten Zeit seines Lebens – lautete sein Name allerdings noch anders: William Thomson.

Sein Vater war der angesehene Mathematikprofessor schottischer Herkunft, James Thomson. Von den sieben Geschwistern war William der Begabteste. Er galt geradezu als Wunderkind: Schon als Achtjähriger besuchte er die Vorlesungen des Vaters und hatte noch nicht einmal Mühe, den wissenschaftlichen Lehrstoff zu verstehen. Bereits mit elf Jahren durfte er sich als Student an der Universität Glasgow einschreiben, als 15jähriger verfaßte er seine erste Arbeit über mathematische Fragen. Sie wurde von der *Royal Society of Edinburgh* angenommen. Weil man der erlauchten Versammlung nicht zumuten wollte, sich den Vortrag eines Schuljungen anhören zu müssen, wurde die Arbeit von einem älteren Professor verlesen.

Als 16jähriger, der bereits fließend französisch und deutsch sprach, durfte er zusammen mit seinen Eltern und Geschwistern eine Reise nach Deutschland unternehmen. Sie war von großer Bedeutung für sein späteres Leben, denn dort hörte er Vorlesungen über das Werk des bedeutendsten Mathematikers seiner Zeit, des französischen Barons de Fourier (1768–1830). Der Junge war so begeistert, daß er sich das Ziel setzte, eine wissenschaftliche Laufbahn einzuschlagen. Nach Glasgow zurückgekehrt, verschlang er die *Principia* von Isaac Newton, das damalige Standardwerk der Physik. Als die Universität von Glasgow seinen Wissensdrang nicht mehr stillen konnte, setzte er seine Studien zunächst in Cambridge fort, dann zog es ihn nach Paris. Dort konnte er nächtelang mit den Koryphäen der Wissenschaft diskutieren und sich intensiv seinen musikalischen Neigungen widmen. In Paris lernte er aber auch das französische *savoir vivre* kennen, für den Geschmack seines Vaters etwas zu gründlich. »Wie ist das zu erklären?« schrieb dieser dem lebensdurstigen Söhnchen. »Hast Du die 774 Pfund verloren, die ich Dir geschickt habe, hat man sie Dir betrügerisch aus der Tasche gezogen, oder lebst Du auf so großem Fuße?«

Hellblondester Jüngling

Im jugendlichen Alter von 23 Jahren erhielt William Thomson das Angebot, die Professur für Naturphilosophie an der Universität von Glasgow zu übernehmen, was er mit Freuden akzeptierte. An keiner europäischen Universität gab es zu jener Zeit so etwas wie ein Laboratorium für physikalische Demonstrationen. In einem alten, unbenutzten Weinkeller seines Elternhauses richtete Thomson ein Unterrichtslaboratorium ein. Hier wurde erstmals das Fach Experimentalphysik gelehrt, zum erstenmal in der Geschichte durften Studenten praktische Versuche durchführen. Die physikalischen Geräte stammten noch vom früheren Universitätsmechaniker James Watt.

Thomsons Vorlesungen waren brillant, aber schwierig zu verstehen. Die Studenten konnten seinen Ausführungen oft nur mit Mühe folgen, weil der hochintelligente Professor Thomson sprunghaft von einem Thema zum anderen wechselte. Dennoch war der Hörsaal immer bis auf den letzten Platz besetzt. Thomson fesselte seine Zuhörer nicht nur durch spektakuläre Experimente, sondern auch durch seine Erscheinung: »Ich war nicht wenig erstaunt, als mir ein sehr jugendlicher hellblondester Jüngling von ganz mädchenhaftem Aussehen entgegentrat«, schreibt im Jahr 1855 der deutsche Physiker Hermann von Helmholtz (1821–1894). »Er übertrifft alle wissenschaftlichen Größen, welche ich persönlich kennengelernt habe, an Scharfsinn, Klarheit und Beweglichkeit des Geistes, so daß ich mir neben ihm stellenweise etwas stumpfsinnig vorgekommen bin.«

In seiner Freizeit beschäftigte sich der eloquente Professor mit den Problemen der Wärmeleitung. Daraus entwickelte sich eine erste physikalische Berechnung des Erdalters. Thomson nahm an, daß sich die Erde in Urzeiten von der Sonne abgespalten und dann langsam auf die heutige Temperatur abgekühlt habe. Für diesen Prozeß errechnete er eine Abkühlungszeit von rund einhundert Millionen Jahren. Die Geologen waren da ganz anderer Meinung; sie gingen von einem Erdalter von mindestens 20 oder sogar 30 Milliarden Jahren aus. Es kam zu einem heißen wissenschaftlichen Disput. Erst ein halbes Jahrhundert später war dieser Streit entschieden, als man erkannt hatte, daß die Erde eine eigene Wärmequelle besitzt: den nuklearen Zerfall. Zwar hatte sich Thomson in seinen Berechnungen geirrt, der Irrtum führte aber zu einer wichtigen neuen Erkenntnis. Die Biologen waren nämlich der Meinung, daß der Evolutionsprozeß von der Urzelle bis zum Menschen unmöglich in einer so »kurzen« Zeit von »nur« einhundert Millionen Jahren abgelaufen sein konnte. Sie stellten daraufhin die Hypothese einer »sprunghaften Evolution« auf, die später zur Mutationstheorie führte.

Theorie des »Kältetods«

Auf einer Sitzung der *British Association* im Jahr 1847 referierte der englische Physiker James Prescott Joule (1818–1889) über die Bestimmung des Wärmeäquivalents. Dieses Referat regte den sechs Jahre jüngeren Thomson zu eigenen Untersuchungen über das Wärmeverhalten von Gasen an. Besonders interessierte ihn die Frage, bis zu welcher Tiefsttemperatur die Materie abgekühlt werden kann. Aufgrund der Carnotschen Wärmesätze kam er zu der Theorie des »Kältetodes« bei minus 273 °C, dem absoluten Nullpunkt der Temperatur. Folgerichtig schlug er vor, diese Temperatur als Nullpunkt einer neuen Stufenleiter zu nehmen, die man heute als absolute oder Kelvinsche Temperaturskala bezeichnet. Thomson konnte damals nicht ahnen, daß auf Grund dieses Vorschlags sein späterer Name »Kelvin« einmal Eingang finden würde in das Internationale Einheitensystem (SI).

Mit Joule war William Thomson viele Jahre in gemeinsamer schöpferischer Arbeit verbunden. Daran erinnert noch heute der in der Kältetechnik viel verwendete Begriff »Joule-Thomson-Effekt«. Er zeigt sich bei der Abkühlung eines Gases, wenn der Druck vermindert wird. Angeregt durch ein altes Buch des französischen Physikers Sadi Carnot (1796–1832) über die Dampfmaschine kam Thomson zu dem Schluß, daß es »prinzipiell unmöglich ist, mechanische Leistung aus irgendeinem Stück unbelebter Materie herzuleiten, indem dieses unter die Temperatur des kältesten Gegenstandes in der Umgebung abgekühlt wird«. Das war nichts anderes als eine spezielle Form des Zweiten Hauptsatzes der Wärmelehre, der kurz zu-

---

Die SI-Einheit Kelvin
Das Kelvin ist die SI-Basiseinheit der thermodynamischen Temperatur.
Definition: 1 Grad Kelvin (K) ist der 273,16te Teil der thermodynamischen Temperatur des Tripelpunktes des Wassers.

Anmerkung: Temperaturdifferenzen können auch heute noch in Grad Celsius (°C) angegeben werden. Die Bezeichnungen »Grad Kelvin« oder »°K« sind jedoch nicht zulässig.

Der Raddampfer »Leviathan«, mit dem 1857 das erste Tiefseekabel nach Amerika verlegt wurde

vor von Rudolf Clausius (1822–1888) aufgestellt worden war. In diesem Zusammenhang prägte Thomson übrigens zum erstenmal den Begriff »Thermodynamik«.

Nachrichten unterwasser nach Übersee

In Fachkreisen war der Namen Thomson zwar bekannt, die Öffentlichkeit hatte von ihm aber noch kaum Notiz genommen. Dies sollte sich gründlich ändern, als er sich mit einem völlig neuen Arbeitsgebiet beschäftigte: mit der Telegraphie. Um das Jahr 1850 stand die Nachrichtenübermittlung über weite Entfernungen im Mittelpunkt des technischen Interesses. Vor allem das Militär legte großen Wert auf eine Verbesserung der Telegraphie, aber auch die Eisenbahn bediente sich der neuen Technik, um die Ankunft und Abfahrt der Züge zu signalisieren. Als der Telegrammverkehr sprunghaft zunahm, fragten sich die Fachleute, warum es nicht möglich sein sollte, die Telegraphenkabel nicht nur über Land, sondern auch durch die Meere zu verlegen. Doch schon die relativ kurze Verbindung durch den Är-

Auf dem Kabelleger wird das Tiefseekabel nach Beschädigungen abgesucht

melkanal zwischen Dover und Calais bereitete enorme Probleme. Die Signale wurden unter Wasser so stark gedämpft, daß sie beim Empfänger nicht mehr zu verstehen waren. Professor Thomson, den man um Rat gefragt hatte, beschäftigte sich zunächst einmal mit der theoretischen Lösung des Problems. Aufgrund umfangreicher Berechnungen kam er dahinter, worauf die »Dämpfung« – also der Energieverlust der elektrischen Verbindung unter Wasser – zurückzuführen war und wie sich die Signalübermittlung verbessern ließ. Dabei entwickelte er auch ein Verfahren, über ein und dasselbe Kabel gleichzeitig mehrere Telegramme laufen zu lassen.

Als Mann der Tat ließ es Thomson mit der Theorie nicht bewenden. Im Jahr 1856 gründete er die *Atlantic Telegraph Company* und beteiligte sich aktiv an dem kühnen Plan, auf dem Meeresgrund ein transatlantisches Kabel nach Amerika zu verlegen. Dieses Unternehmen endete zunächst in einem Fiasko. Bei hohem Wellengang brach das teure Kabel und ging verloren. Auch ein zweiter Versuch war nicht viel erfolgreicher: Das Kabel wurde beim Legen beschädigt und gab schon nach wenigen Tagen den Geist auf. Doch immerhin – die ersten paar hundert Telegramme, darunter solche mit den Notierun-

gen der New Yorker Börse, waren in Europa angekommen. Damit
hatte Thomson den Beweis geliefert, daß die Telegraphie nach Über-
see prinzipiell möglich war, vorausgesetzt, das Problem einer dauer-
haften Kabelisolierung konnte gelöst werden. Das nahm viel Zeit in
Anspruch. Erst zehn Jahre später, im Sommer 1866, war das Seeka-
bel nach Amerika betriebsbereit. Für seine Verdienste um die Unter-
wassertelegraphie wurde Thomson geadelt. Er durfte sich fortan »Sir
William Thomson« nennen.

Wissenschaftliche Diskussionen an Bord der Privatyacht

Als die Firma *Telegraph Company* nach einigen Jahren erstmals Gewinn abwarf, stiftete Sir Thomson den größten Teil der Universität
Glasgow für die Vergabe von Stipendien. Mit dem Rest des Gewin-
nes kaufte er sich eine 126-Tonnen-Segelyacht, die »Lalla Rookh«.
Nachdem seine Frau nach 18jähriger Ehe gestorben war, versuchte
Thomson auf wochenlangen Kreuzfahrten im Mittelmeer und auf
dem Atlantik über diesen Verlust hinwegzukommen. An Bord der

Die Segelyacht »Lalla Rookh«, auf der Thomson die Weltmeere durchkreuzte

Yacht diskutierte er mit Freunden und Kollegen über mathematische und physikalische Fragen. Während eines Besuches auf der Insel Madeira traf der 50jährige Witwer die hübsche Miss Blandy, Tochter eines reichen Grundbesitzers. Sie wurde im Jahr darauf seine zweite Frau.

Das 19. Jahrhundert war die große Zeit der erfindungsreichen Ingenieure und Physiker. Thomson war einer ihrer herausragendsten Vertreter. Er erfand die Wärmepumpe und das Echolot, er verbesserte den Schiffskompaß und die Positionsbestimmung auf hoher See, er konstruierte eine Maschine zur Vorhersage der Gezeiten, eine andere zur Lösung algebraischer Gleichungen. Eine Zeitlang galt sein Interesse der Entstehung der Wellen auf den Weltmeeren, dann erforschte und berechnete er die Bewegungen der Erdrinde. Zusammen mit Charles Darwin (1809–1882) versuchte er die Bremswirkung der Gezeiten auf die Rotation der Erde zu berechnen. Mehr als 600 wissenschaftliche Arbeiten tragen seine Unterschrift, unzählige Patente wurden auf seinen Namen eingetragen.

Sir William Thomson wurde als Universalgenie bewundert; schon zu Lebzeiten sah man in ihm den größten Physiker seiner Zeit. Man trug ihm Dutzende von Ehrentiteln an und wählte ihn zum Präsidenten der *Royal Society*. Die Britische Krone verlieh ihm die Würde eines *Peer of United Kingdom* mit dem Titel *Baron Kelvin of Largs*. Den Namen Kelvin hatte er selbst ausgewählt: Kelvin hieß nämlich das Flüßchen im Park der Universität Glasgow, an dem er so gerne spazieren ging. In Largs, unweit von Glasgow, befand sich sein Altersitz, das Schloß Netherhall.

Dunkle Wolken verfinstern die Physik

Die Biographen schildern Kelvin als einen tatkräftigen, optimistischen und phantasievollen Menschen, einen Wissenschaftler von untadeligem Charakter und freundlichem Wesen. Im höheren Alter kam aber auch ein gewisser Starrsinn zum Vorschein, der sich darin äußerte, daß er neueren Entwicklungen der Wissenschaft mehr und mehr mißtraute. Berühmt ist seine Vorlesung vor der *Royal Society*, in der er vor den beiden »dunklen Wolken« warnte, die »den Himmel der theoretischen Physik zu verfinstern drohen«. Er meinte da-

Das Schloß »Netherhall« in Largs, der Altersitz von Lord Kelvin

mit die Relativitäts- und die Quantentheorie. Hartnäckig widersetzte er sich der Vorstellung, daß es radioaktive Elemente geben könnte, die beim Zerfall Energie freisetzen. Zur Entdeckung der »X-
Rays« durch den Würzburger Physiker Wilhelm Conrad Röntgen
(1845–1923) meinte er kurz und bündig: »Diese Strahlen des Herrn
Röntgen werden sich als Betrug herausstellen.«

Lord Kelvin starb am 17. Dezember 1907 im Alter von 83 Jahren
in seinem Schloß bei Largs. Er wurde in der Westminster Abbey beigesetzt, direkt neben der Ruhestätte von Isaac Newton, dessen Werk
Principia ihm in jungen Jahren den Weg zur Wissenschaft gewiesen
hatte.

Wissen und Nichtwissen verbindet

Lord Kelvin wurde von seinen Studenten gerne als »Vater der Elektrizitätslehre« bezeichnet. Eines Tages war er eingeladen, ein Elektrizitätswerk zu besichtigen. Ein junger Mann, der nicht wußte, wen er vor sich hatte, begleitete ihn und bemühte sich, so gut er konnte, dem Besucher die Wirkungsweise der neuartigen Gleich- und Wechselstrommaschinen zu erklären. Kelvin hörte geduldig zu, bedankte sich artig und hatte nur noch eine letzte Frage: »Was ist das nun eigentlich, die Elektrizität?« Als der junge Mann verlegen herumstotterte, meinte Kelvin väterlich: »Das ist das einzige, was wir beide nicht wissen.«

Der letzte Magier der Physik

Sir Isaac Newton (1643–1727) und die Himmelsbahnen

Sir Isaac Newton,
englischer Naturwissenschaftler
* 4. Januar 1643 in Woolsthorpe (England)
† 31. März 1727 in Kensington bei London

Hobbyfotografen sehen es nicht allzu gern, wenn sich auf den gerahmten Diapositiven »newtonsche Ringe« abbilden. Isaac Newton, nach dem die farbigen Ringe benannt sind, war über solche optischen Ringe nicht verärgert. Im Gegenteil, er war begeistert, denn sie lieferten ihm den Beweis, daß das weiße Licht aus Spektralfarben zusammengesetzt ist. Die Erforschung der optischen Gesetze war aber nur eines seiner zahlreichen Arbeitsgebiete. Er errechnete die Masse des Mondes und der Planeten, er entdeckte die Ursache für Ebbe und Flut und lieferte die Erklärung, warum der Mond nicht auf die Erde fällt. Von ihm wissen wir, wie sich der Schall ausbreitet und daß es auf der Sonne Flecken gibt. Der Physiker Isaac Newton war der größte Universalgelehrte seiner Zeit, vielleicht sogar aller Zeiten. Nach ihm ist die internationale Maßeinheit der Kraft benannt.

Isaac Newton kam am 4. Januar 1643 in dem kleinen Dorf Woolsthorpe (Lincolnshire) an der Ostküste Mittelenglands zur Welt. Isaacs Vater, ein Landwirt, war wenige Monate vor der Geburt des Sohnes gestorben. Die Mutter räumte dem schwächlichen Siebenmonatskind keine Überlebenschance ein. Der Säugling war so winzig, so erinnerte sie sich später, daß er in einem »Quart Mug«(Literkrug) Platz gefunden hätte. Doch wunderbarerweise überlebte das Baby. Die junge Mutter heiratete einen Geistlichen. Der Junge wurde von der Großmutter erzogen und besuchte die Dorfschule, zunächst mit mäßigem Erfolg: Isaac war nicht dumm, aber eigenbrötlerisch, passiv und verschlossen. Mit seinen miserablen Zeugnissen rangierte er bei den Letzten der Klasse. Bei Prügeleien seiner Mitschüler gab er keine gute Figur ab. Um den ewigen Hänseleien aus dem Weg zu gehen, zog er sich zurück, las viel, dachte nach und lernte eifrig. Nach wenigen Monaten war er Klassenprimus.

Unfähig zum Kühehüten

Nachdem die Mutter zum zweitenmal Witwe geworden war, beschloß sie, aus Isaac einen Bauern zu machen, damit er später den Hof übernehmen könnte. Doch das erwies sich als Fehlschlag, zu körperlicher Arbeit hatte der Junge keine Lust. Als Isaac das Vieh hüten sollte, setzte er sich in den Wald und las in seinen Büchern. Derweil liefen ihm die Kühe und Schafe weg. Nun schickte ihn die Mutter auf die weiterführende Schule in der Kreisstadt Grantham. Bei einer befreundeten Apothekerfamilie fand er nicht nur eine zweite Heimat, sondern endlich auch die richtige Umgebung. Hier standen ihm Bücher zur Verfügung, hier konnte er malen, Wasserräder und Propeller bauen und in der Apotheke Salben zusammenrühren. In seinem Zimmer häuften sich die Konstruktionszeichnungen von Schiffen und Uhren, er bastelte Modelle von Windmühlen und Drachen. Besondere Freude hatte Isaac an einer kleinen Tretmühle, die von Mäusen betrieben wurde. Er konstruierte eine hölzerne Sonnenuhr (sie ist noch heute erhalten), damit Passanten die Zeit ablesen konnten. Mit Kreide markierte er auf den Wänden und Dächern die Wanderung der Schatten. Um den Nachbarn einen Schrecken einzujagen, ließ er in der Nacht einen Drachen aufsteigen, an dem eine kleine Laterne hing. Die Leute flüchteten in die Kirche, weil sie glaubten, einen Kometen zu sehen, der möglicherweise Unheil und Pestilenz ins Land bringen würde.

Dem Schuldirektor gefiel der Junge mit seinem wachen Verstand und den außergewöhnlichen Neigungen. Er setzte sich dafür ein, daß Isaac einen Studienplatz am berühmten *Trinity College* in Cambridge bekam. Als *Subverser* (dienender, weil unbemittelter Student) bekam er kostenlose Mahlzeiten. In der Abgeschiedenheit der akademischen Welt fand Newton schnell Zugang zur Wissenschaft. Schon als *Undergraduate* begriff er mühelos die Elemente des Euklid, die Dioptrik von Kepler und die *Principia Philosophiae* von Descartes. Er lernte Latein, Hebräisch und Französisch, beschäftigte sich mit Musiktheorie und ließ sich von esoterischer, astrologischer sowie alchimistischer Literatur verzaubern. Vielleicht wäre Newton ein kontaktarmer und versponnener Studiosus geblieben, hätte er nicht einen der besten Mathematiker jener Zeit als Lehrer gehabt. Von Isaac Barrow (1630–1677), einem weitgereisten, weltoffenen Mann, erhielt er entscheidende Impulse für sein weiteres Leben.

Was hat der Apfel mit dem Mond zu tun?

Im Jahr 1665 brach in England die Beulenpest aus. Allein in London starben damals 30 000 Menschen. Die Universitäten wurden geschlossen. Newton flüchtete in sein Heimatdorf und las, lernte und dachte nach. In der ländlichen Stille erlebte er eine unvergleichlich produktive Phase schöpferischen Denkens und Experimentierens. Zunächst beschäftigte er sich mit dem Licht. Durch ein Loch im geschlossenen Fensterladen ließ er weißes Sonnenlicht auf ein dreikantiges Prisma fallen. Darauf zeichnete sich auf der gegenüberliegenden

---

Die SI-Einheit Newton
Das Newton ist die Einheit der Kraft.
Definition: 1 Newton (N) ist gleich der Kraft, die einem Körper der Masse 1 kg die Beschleunigung 1 m/s^2 erteilt.

$$1\,N = 1\,kg\,m\,/\,s^2$$

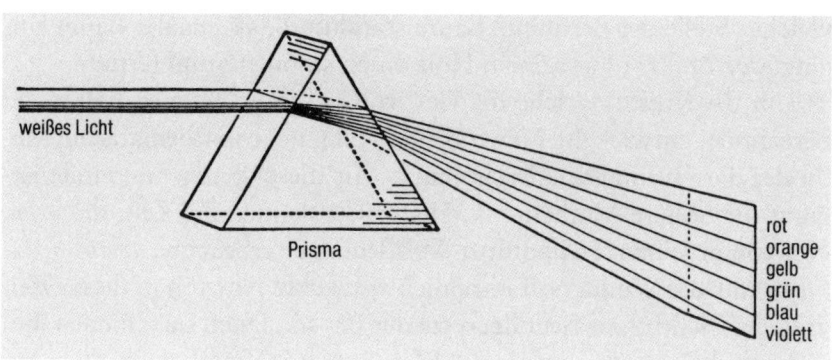

weißes Licht

Prisma

rot
orange
gelb
grün
blau
violett

Die experimentelle Anordnung, mit der Newton das Spektrum des Sonnenlichts entdeckte

weißen Wand ein ununterbrochenes Band von Farben ab, von rot nach gelb, grün, blau bis violett, genau wie beim Regenbogen. Der 23jährige Student hatte entdeckt, daß sich das weiße Licht in seine Spektralfarben zerlegen läßt. Zunächst waren seine Experimente mit dem Prisma kaum mehr als eine unterhaltsame Spielerei. Doch sie führten Newton schließlich zu grundlegend neuen Erkenntnissen auf dem Gebiet der Optik und der Farbenlehre.

Die zweite große Entdeckung gelang Newton durch einen Zufall – und durch tiefes Nachdenken. Als er im Garten seines Elternhauses unter einem Baum lag, erweckte ein herabfallender Apfel seine Neugier. Warum fällt der Apfel stets senkrecht nach unten, warum fällt er nicht zur Seite, sondern immer zum Mittelpunkt der Erde hin gerichtet? Gab es vielleicht ein physikalisches Gesetz, daß sich alle Massen gegenseitig anziehen, obwohl zwischen ihnen keinerlei körperliche Verbindung besteht? Und sollte es ein solches Gesetz geben, dann müßte doch dieselbe Kraft, die den Apfel vom Baum auf die Erde fallen läßt, auch im Kosmos herrschen. Warum aber fällt der Mond nicht auf die Erde? Diese Fragen beschäftigten ihn zwei Jahre lang, dann hatte er die Lösung: Massenkörper ziehen sich gegenseitig an, die Anziehungskraft ist dem Quadrat der Entfernung umgekehrt proportional. Was den Mond in seiner Erdumlaufbahn hält, ist die Zentrifugalkraft, sie hält sich mit der Massenanziehung (Gravitation) die Waage.

Die Geschichte von dem herabfallenden Apfel hat der große Philosoph Voltaire überliefert. Ob sie stimmt, wird manchmal bezweifelt. Doch noch Jahrzehnte später wußte jedermann im Dorf, an

welcher Stelle der berühmte Baum stand und daß, als der Baum ein-
ging, der Besitzer aus seinem Holz einen stabilen Stuhl fertigte.

Um die Kräfte, welche die Gestirne auf ihren Bahnen halten, zu
berechnen, entwickelte Newton eine völlig neue mathematische Methode, die »Infinitesimalrechnung«. Mit dieser Rechenmethode beginnt die höhere Mathematik. Historiker nennen die Zeit, die Isaac
Newton in seinem Heimatdorf Woolsthorpe verbrachte, *annus mira-
bilis*, Jahr des Wunders. Tatsächlich entdeckte Newton in dieser Zeit
drei der wichtigsten Grundgesetze der Physik. Doch sie schienen ihm
nicht wichtig genug, um sie der Menschheit mitzuteilen.

Vorlesungen vor leeren Bänken

Nach drei Jahren kehrte Newton nach Cambridge zurück, um das
Studium wieder aufzunehmen. 1668 erhielt er den Grad eines *Master
of Arts*, zwei Jahre später – mit 27 Jahren – war er bereits Professor
der Mathematik. Diese Stellung bekleidete er über einen Zeitraum
von fast drei Jahrzehnten. Die Universitätssatzung schrieb vor, daß er
jede Woche mindestens eine Vorlesung zu halten hatte. Newton tat
das ohne Begeisterung, denn er war alles andere als ein mitreißender
Lehrer. Zu seinem Kolleg kamen nur wenige Hörer, und kaum einer
verstand überhaupt, was da gelehrt wurde. Nach dem Bericht eines
Zeitgenossen kam es sogar vor, daß Newton vor völlig leeren Bänken
zu den Wänden predigte. Den Gelehrten störte das nicht, schließlich
hatte er einen Lehrauftrag zu erfüllen. Außerdem blieb ihm so mehr
Zeit für seine Forschungen auf den Gebieten der Optik, Mechanik
und Astronomie. Lange Zeit befaßte er sich nun mit der Herstellung
von Metalllegierungen, die er zur Konstruktion eines verbesserten
Mikroskops benötigte. Immer wieder aber kam er auf sein Lieb-
lingsgebiet zurück, die Physik von Erde, Mond und Sternen.

Nachdem der italienische Astronom Galilei (1564–1642) mit einem neuen, leistungsstarken Fernrohr auf dem Mond mächtige Ge-
birge entdeckt hatte, war die Betrachtung der Gestirne in Europa zur
beliebten Freizeitbeschäftigung geworden. Auch Newton frönte dieser Leidenschaft, aber bald genügten ihm die Linsenfernrohre nicht
mehr, sie lieferten zu unscharfe Bilder. Aufgrund theoretischer Überlegungen und nach zahllosen praktischen Versuchen konstruierte er

ein Spiegelteleskop. Wie der Erfinder es erwartet hatte, war es den Linsenfernrohren deutlich überlegen. Zum erstenmal wagte Newton den Schritt in die Öffentlichkeit und stellte das Teleskop der *Royal Society* vor. Er erntete großen Beifall und wurde als jüngstes Mitglied in diesen erlauchten Kreis aufgenommen.

Ermutigt von der öffentlichen Anerkennung machte sich Newton daran, die wichtigsten physikalischen Gesetze in einem Buch zusammenzufassen. 18 Monate benötigte er für die Niederschrift des in lateinischer Sprache verfaßten, dreibändigen Werkes: *Philosophiae Naturalis Principia Mathematica*, heute kurz *Principia* genannt. In ihm legte er die Beweise vor für das »Newtonsche allgemeine Gravitationsgesetz«, hier beschrieb er die Ursachen von Ebbe und Flut, das Gesetz des freien Falls, die Bewegungen des Mondes und der Planeten. In den *Principia* entwickelte Newton die drei wichtigsten Bewegungsgesetze (Trägheitsprinzip, Aktionsprinzip, Reaktionsprinzip). Es war die erste zusammenfassende Lehre von Raum, Zeit und Kraft. Nach Meinung der Fachwelt sind die *Principia* das bedeutendste naturwissen-

Erstes kleines von Newton konstruiertes Spiegelteleskop. Das Teleskop wird von einer Kugel getragen, die in einem Teller beweglich ist und von zwei Federn gehalten wird. Diese Einrichtung ermöglichte es, das Fernrohr in jede Richtung zu bringen

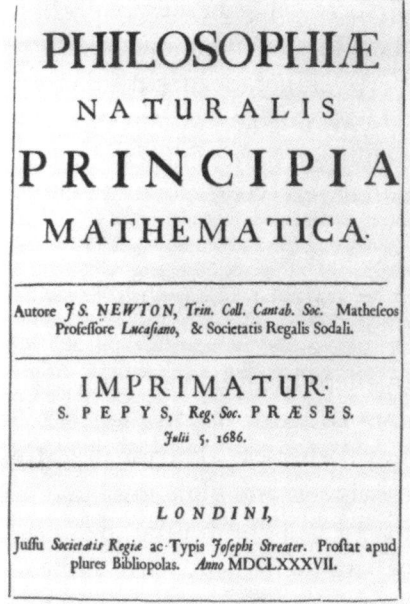

Titelseite von Newtons Hauptwerk Principia (1687)

schaftliche Werk, das je geschrieben wurde. Für die Physik kaum weniger bedeutend ist auch sein zweites großes Werk _Optik oder Abhandlung über Spiegelungen, Brechungen, Beugungen und Farben des Lichts,_ das er 1674 begonnen hatte, aber erst 30 Jahre später zur Veröffentlichung freigab.

Besessener Nachtarbeiter

In seiner Studierstube arbeitete Newton wie ein Besessener, oft bis tief in die Nacht. Jede Stunde, die nicht dem Studium gewidmet war, hielt er für verloren. Man kannte ihn als kontaktarmen, zerstreuten Professor, der wenig Wert auf sein Äußeres legte. Er war ein Eigenbrötler, der häufig Essen und Trinken vergaß, nie jedoch den sonntäglichen Kirchgang. Niemals scheint Newton den Wunsch gehabt zu haben, eine eigene Familie zu gründen. Es gibt keine Hinweise, daß er jemals zu einer Frau eine persönliche Beziehung hatte.

Newton war Zeit seines Lebens von der fixen Idee geplagt, irgend jemand könnte in seiner Argumentation einen Fehler finden. Deshalb versuchte er seine Beweisführungen stets absolut _watertight_ zu machen. Immer und immer wieder rechnete er alles nach. Auf Kritik reagierte er geradezu pathologisch empfindlich. Das war auch der Grund, warum er zu anderen Wissenschaftlern häufig gestörte Beziehungen hatte und ständig mit einem seiner Zeitgenossen in erbittertem Streit lag.

Ein streitbarer Geist

In aller Öffentlichkeit, zum Teil vor Gericht, stritt sich Newton mit dem Direktor der Königlichen Sternwarte (John Flamsteed, 1646–1719) über die »Theorie des Mondes«. Als er den Prozeß verlor, war er wütend und tilgte in späteren Ausgaben seiner _Principia_ systematisch jeden Hinweis auf den Gegner. Eine noch heftigere Fehde trug er mit dem deutschen Philosophen Gottfried Wilhelm Leibniz (1646–1716) aus, der völlig unabhängig von ihm die Differentialrechnung entdeckt und veröffentlicht hatte. In dem jahrelangen, mit großer Heftigkeit ausgetragenen Prioritätsstreit kämpfte Newton nicht immer mit fairen Mitteln. Zu seiner Verteidigung erschienen zahlreiche Artikel in den Zeitungen, die mit den Namen berühmter Wissenschaftler gezeichnet waren. Fast alle diese Aufsätze stammten jedoch aus Newtons eigener Feder. Als Mitglied der *Royal Society* benutzte er skrupellos seinen Einfluß, um seinen Gegner Leibniz als Plagiator zu brandmarken. Als Leibniz gestorben war, erklärte Newton, er empfinde eine tiefe Befriedigung, das Herz seines Gegners gebrochen zu haben.

Kurz nach seinem 50. Geburtstag hatte Newton einen schweren Nervenzusammenbruch. Er litt an Depressionen und Geistesverwirrung. Überall vermutete er Anschläge gegen sich, sogar engsten Freunden traute er nicht mehr. Mehr als zwei Jahre zog er sich von der Außenwelt völlig zurück. Als er sich wieder an die Öffentlichkeit wagte, bot man Newton die gutbezahlte Stellung eines »Königlichen Münzwarts« an, als Anerkennung seiner wissenschaftlichen Verdienste. Das war jedoch mehr als nur ein Ehrenamt, es gab ein großes Problem zu lösen. Aufgrund der herrschenden Inflation hatte sich in England die Unsitte eingebürgert, Silber- und Goldmünzen zu »beschneiden«, d. h.

Zeitgenössischer Kupferstich mit Newtons Porträt und allegorischen Darstellungen seiner Entdeckungen

am Rand der Münzen kleinere Metallteile abzuschneiden. Münzen mit vollem Gewicht wurden gehortet. Der Umlauf an Bargeld war dadurch erheblich gestört. Der Finanzminister beschloß, alle im Verkehr befindlichen Münzen einzuziehen und durch neue zu ersetzen. Newton sollte eine neue, fälschungssichere Prägetechnik entwickeln und dafür sorgen, daß die Umprägung möglichst schnell und geräuschlos über die Bühne ging. Dieser organisatorischen Aufgabe

unterzog sich Newton mit großem Geschick. Als Dank ernannte man
ihn zum Direktor der Münze auf Lebenszeit. Isaac Newton war nun
finanziell unabhängig und weltweit anerkannt. Die Pariser Akademie der Wissenschaften wählte ihn im Jahr 1699 zu ihrem Mitglied,
von Königin Anna wurde er zum Ritter geschlagen. Von 1703 bis zu
seinem Tod 1727 war Newton Präsident der *Royal Society* und ein
gern gesehener Gast am englischen Hof. Die Aristokratie schmück-
te sich mit dem großen Gelehrten.

Das Ende des großen Magiers

In den letzten Jahren seines Lebens beschäftigte sich Newton fast nur
noch mit alchimistischen, mythologischen und theologischen Fragen.
So trieb ihn jahrelang die Frage um, wann – nach der Bibel – die Welt
untergehen werde, und er füllte Tausende von Seiten mit seinen Berechnungen. Nach Newton würde die Menschheit zum Zeitpunkt
des Erscheinens des vorliegenden Buches noch genau fünfzig Jahre
bestehen – den Weltuntergang hat der große Wissenschaftler für das
Jahr 2053 errechnet. Newtons Gesundheitszustand verschlechterte
sich zusehends, sein Gedächtnis ließ schnell nach. Am 31. März des
Jahres 1727 starb Isaac Newton, »der letzte der Magier«, in Kensington im Alter von 84 Jahren. Bei seiner Beisetzung rechneten es
sich die edlen Lords zur Ehre an, die Enden seiner Sargdecke tragen
zu dürfen. Sein Grabmal in der Westminster Abtei in London trägt
die Inschrift:

> Nature and Nature's law lay hid in night.
> God said: Let Newton be! and all was light.

> (Die Natur und der Natur Gesetze waren in Nacht gehüllt.
> Gott sprach: Es werde Newton! und das All war lichterfüllt.)

Ein Jahrhundert später schrieb der französische Gelehrte Joseph
Louis de Lagrange (1736–1813), einer der größten Mathematiker
seiner Zeit, über Newton: »Er ist der Glücklichste, das System der
Welt kann man nur einmal erfinden.«

Isaac Newton war zwar genial begabt, in praktischen Dingen jedoch immer etwas ungeschickt. Dafür zwei Beispiele:

Newton und das Kätzchen
Auf einem Spaziergang blieb Newton vor einem Bauernhof stehen und sah zu, wie der Bauer eine Öffnung in das Hoftor sägte. Wozu er das mache, fragte Newton. »Das wird ein Türchen für den Hund«, klärte ihn der Bauer auf. »Sehr praktisch, sehr praktisch«, lobte Newton. »Aber dann machen Sie doch daneben noch eine kleinere Öffnung, damit auch das Kätzchen ...«

Newton und der Schafhirte
Eines Tages ging Newton bei schönstem Sonnenschein spazieren und traf einen Hirten. Man redete über dies und jenes und kam auch auf das Wetter zu sprechen. Der Hirte meinte, es werde bald regnen. Newton, der sich auf die Treffsicherheit seiner Wetterprognosen immer etwas einbildete, lachte überheblich und setzte seinen Weg fort. Zwei Stunden später kam Newton zu dem Schafhirten zurück, völlig durchnäßt. »Woher wußten Sie, daß es regnen wird?« – »Von dem kleinen Schaf dort«, meinte der Hirte. »Wieso??« – »Immer wenn es mit dem Rücken zum Wind zupft, kommt Regen«, sagte der Schafhirte.

Ein Leben voller Widerstände

Georg Simon Ohm (1789–1854)
und die elektrischen Ströme

Georg Simon Ohm, deutscher Physiker
* 16. März 1789 in Erlangen
† 6. Juli 1854 in München

Jeder Pennäler kennt aus dem Physikunterricht das Ohmsche Gesetz. Es verknüpft die physikalischen Größen Stromstärke und Spannung mit dem elektrischen Widerstand. Doch wer kennt den Menschen, dessen Name meist nur mit dem griechischen Zeichen Ω abgekürzt wird? Wer weiß um die unwürdigen Umstände, in denen Georg Simon Ohm das nach ihm benannte Gesetz erforscht hat? Kaum ein anderer Wegbereiter der modernen Technik hatte es so schwer, anerkannt zu werden. Der Fall Ohm ist eines der berühmtesten Beispiele für den Widerstand gegen Neuerungen, das die Wissenschaftsgeschichte kennt.

Die Kindheit des 1789 in Erlangen zur Welt gekommenen Georg Simon Ohm war von der Sorge um das tägliche Brot geprägt. Sein Vater, der Universitätsschlossermeister Johann Wolfgang Ohm, war an Tuberkulose erkrankt und konnte seinen Beruf nur noch sporadisch ausüben. Innerhalb weniger Jahre starben vier seiner Kinder und bei der Geburt des siebten Kindes auch noch seine Frau Maria, geborene Beck. Der schwergeprüfte Vater ließ den Kopf nicht hängen, sondern widmete sich mit viel Liebe der Erziehung seiner beiden

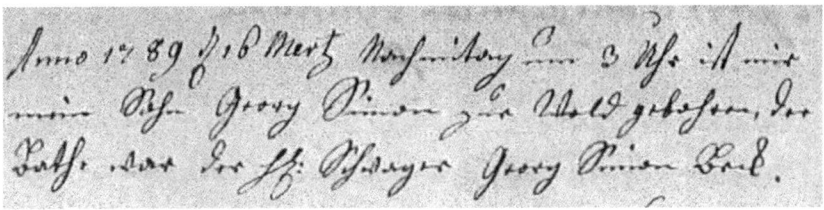

»Anno 1789 den 17 Mertz Nachmitag um 3 Uhr ist mir mein Sohn Georg Simon zur Weld gebohren ...« (handschriftliche Notiz des Vaters)

noch verbliebenen Söhne Georg Simon und Martin. Im Alter von 45 Jahren begann er sogar noch mit dem Studium der Philosophie und Mathematik. In der kleinen Stadt nannte man ihn den »Philosophen am Schraubstock«.

Die Söhne durften für vier Kreuzer Schulgeld wöchentlich die Elementarschule besuchen. Die Unterrichtsbedingungen waren keineswegs ideal: Ihr Lehrer war ein ehemaliger Strumpfwirker, der in seinem Beruf kein Auskommen mehr gefunden hatte. Auch im Gymnasium fanden die beiden Schlossersöhne nicht die besten Lehrkräfte. Mathematik unterrichtete beispielsweise der Hilfspfarrer der Stadtkirche, der selbst nie Mathematikunterricht genossen hatte. Der Vater mußte die Versäumnisse der Schule wettmachen. Er kaufte Lehrbücher und unterrichtete abends und an den Wochenenden seine beiden Kinder selbst. Und das mit erstaunlichem Erfolg.

Ein flotter Student

Nach der Prüfung des 15jährigen Georg Simon Ohm schrieb der Erlanger Mathematikprofessor von Langsdorf in das Zeugnis: »In einem fünfstündigen Examen ... erhielt ich durchaus die promptesten richtigen Antworten auf alle meine Fragen.« Georg Simon wiederum bereitete seinen jüngeren Bruder Martin auf das Gymnasium vor. Die brüderliche Nachhilfe fiel offensichtlich auf fruchtbaren Boden: Martin wurde später Professor der Mathematik an der Universität Berlin.

Das Gymnasium entließ Georg Simon vorzeitig bereits mit 16 Jahren als reif für die Universität. Als minderbemittelter, aber hochbegabter Student bekam er bereits im Sommersemester 1805 einen kostenlosen Studienplatz an der Universität Erlangen. Der junge Mann fand leider wenig Gefallen am Studium, um so mehr vergnügte er sich am Billardtisch, auf dem Tanzboden und beim Eislauf. Zum Kummer des Vaters machte der flotte Student zudem erhebliche Schulden. Nach knapp drei Semestern kam es zwischen dem jungen Tunichtgut und dem alten Herrn zum Streit und offenen Bruch. Georg Simon schnürte sein Bündel und erreichte nach siebzehn Tagen Fußmarsch sein Ziel Gottstatt bei Biel im Kanton Bern. Dort war ihm an der Erziehungsanstalt eine Anstellung angeboten worden. Der schmächtige Jüngling entpuppte sich als ungewöhnlich tüchtige Lehrkraft für Physik und Mathematik. Zweieinhalb Jahre hielt er es in Gottstatt aus, dann gab es wieder Streit, diesmal mit den Eltern seiner Schüler. Ohm nahm seinen Abschied und wechselte als Privatlehrer nach Neuchâtel, wo er sich offensichtlich sehr wohl fühlte. Jedenfalls schrieb er von dort so seltsam überschwengliche Briefe an den Vater (mit dem er sich wieder versöhnt hatte), daß dieser unverzüglich den Sohn Martin in Marsch setzte, um nachzuforschen, was um Gotteswillen in den Bruder gefahren sei. Der konnte beruhigende Briefe nach Hause schreiben. Georg ging es gut; er hatte sich nur in ein Mädchen verliebt.

Von Heimweh geplagt, kehrte Georg Simon Ohm im Frühjahr 1811 nach Erlangen zurück, um dort sein Studium fortzusetzen. Bereits nach einem halben Jahr erwarb er mit einer Arbeit *Über Licht und Farben* die Doktorwürde und die Ermächtigung, als Privatdozent Vorlesungen abhalten zu dürfen. Im Erkerzimmer des großväterlichen Hauses richteten die beiden Brüder Georg und Martin Ohm eine private Lehranstalt ein, in der sie Vorlesungen und Übungen in Mathematik abhielten. Viel Erfolg war ihnen damit jedoch nicht beschieden. Die Reichen ließen ihre Söhne lieber an der Universität studieren, die armen Bürger hatten kein Geld, ihre Kinder auf eine Privatschule zu schicken.

Gerne hätte Ohm die Universitätslaufbahn eingeschlagen, doch die war ihm versperrt. Dafür hätte er Forschungsarbeiten von einigem Gewicht oder zumindest ein von ihm verfaßtes Lehrbuch vorweisen müssen. So nahm der 23jährige eine schlecht bezahlte Anstellung als Lehrer an der neugegründeten »Realstudienanstalt« in Bamberg an. Auch diese Entscheidung brachte ihm wenig Glück. Die Privatschule rentierte sich nicht und mußte geschlossen werden.

Ohm konnte froh sein, am Progymnasium eine noch schlechter dotierte Stelle zu bekommen, als Aushilfslehrer für Latein.

127 Schüler in einer Klasse!

Seine Unterrichtsstunden waren für ihn »ein martervolles Verhängnis, in welchem jeder Schritt Spuren des Ekels und der Verzweiflung hinterläßt«. Seine ganze Hoffnung setzte er nun auf ein Buch, an dem er jahrelang »zum größten Teil im Frost einer ungeheizten Stube« geschrieben hatte. Darin pries er die »Geometrie als höheres Bildungsmittel«. Sein Erstlingswerk war ein glatter Mißerfolg. Von den Mathematikern wurde es belächelt, von den Erziehern abgelehnt. Überdies bekam er Streit mit der Schulbehörde, weil die Osterferien um 14 Tage überzogen hatte, um sein Buch fertigzustellen. Als ihm ein Freund mitteilte, am Kölner Jesuitenkolleg werde ein Betreuer für die physikalische Sammlung gesucht, griff er zu und wechselte aus dem »ungastlichen Bayern« in das fröhliche Köln.

Nach Abzug der napoleonischen Besatzung hatte die preußische Verwaltung das Schulwesen neu geordnet und suchte nach geeigneten Lehrern für die neuerrichteten Gymnasien. Ohm bekam das verlockende Angebot, neben seinen Arbeiten im »Physikkabinett« auch noch die Oberklassen in Mathematik und Physik zu unterrichten. Das tat er zunächst mit Hingabe und großem Erfolg. Alle seine Schüler errangen Preise an der neugegründeten Universität Bonn. Das hob sein Renommee gewaltig, hatte aber den Nachteil, daß sich immer mehr Schüler zu seinem Unterricht meldeten. Ihre Zahl stieg Jahr für Jahr.

Als er in seiner Klasse 127 Schüler unterrichten sollte, wurde es selbst dem gutwilligen Doktor Ohm zuviel. Er wehrte sich und fiel bei der vorgesetzten Schulbehörde, die ihm kurz zuvor noch »ob seines Fleißes und seiner Gewissenhaftigkeit« ein großes Lob ausgesprochen hatte, in Ungnade. Doch diesmal ließ er es nicht mehr auf eine Kraftprobe ankommen. Er schaltete »auf stur« und machte – wie man heute sagen würde – Dienst nach Vorschrift. Dafür widmete er sich nun mit Feuereifer seinem Physikkabinett. Die umfangreiche Apparatesammlung stammte aus dem Nachlaß der aufgelösten Stadtuniversität und befand sich in einem desolaten Zustand. Ohm reparierte die defekten physikalischen Geräte, er richtete ein »finsteres Zimmer« für optische Versuche ein und brachte das chemische Laboratorium auf einen modernen Stand. Der größte Teil seiner Besoldung von siebenhundert Talern jährlich floß in diese Arbeit. Er selbst lebte in ärmlichen Verhältnissen, in einer Wohnung, die, wie er an die vorgesetzte Behörde schrieb, »von jeder Bequemlichkeit entblößt ist und an das Bettlerhafte grenzend zum steten Mißmute mahnt«. Sein Wunsch, in Köln »den bescheidenen Genuß eines stillen Familienglücks« zu finden, scheiterte an seinen geringen Einkünften, die nicht ausreichten, »auch die genügsamste Familie gegen Mangel zu schützen«.

Welchen Gesetzen gehorcht der elektrische Strom?

Nächtelang beschäftigte sich Ohm nun mit physikalischen Versuchen. Sein besonderes Interesse galt der Erforschung der Elektrizität, eines damals noch kaum bekannten Gebiets. Das wenige, was man darüber wußte, basierte auf den Versuchen von Luigi Galvani (1737–1798) und Alessandro Volta (1745–1827). Obwohl sich inzwischen zahlreiche Amateurforscher auf dem neuen Terrain tummelten, war es noch weitgehend *terra incognita*. Niemand hatte bisher eine Gesetzmäßigkeit im »Wirrwarr der bisherigen Beobachtungen entziffern können«. Ohm war davon überzeugt, daß es solche elektrische Gesetze geben muß. Wichtigste Voraussetzung für ihre Aufklärung war ein Instrument, mit dem man die elektrischen

In seinem Labortagebuch führte Ohm genauestens Buch über seine Experimente.
Hier das Meßprotokoll übe Leiter verschiedener Länge (1826)

Ströme messen kann. Mit primitiven Mitteln baute er nach Art der Coulombschen Drehwaage ein empfindliches Galvanometer. In immer neuen Versuchsreihen mit Drähten unterschiedlicher Länge und Dicke registrierte er sorgfältig alle Ausschläge des Instruments. So kam er dem Grundgesetz der Elektrizität auf die Spur, dem Gesetz, daß die Stromstärke bei konstanter Spannung mit zunehmender Länge des Stromleiters abnimmt. Ganz allmählich wurde ihm klar: Der Draht setzt dem Stromfluß einen Widerstand entgegen, längere Drähte besitzen einen größeren Widerstand als kürzere. In den ersten Januartagen des Jahres 1826 konnte er das Gesetz auf eine einfache Formel bringen: »Spannung = Stromstärke x Widerstand.« Es ist das physikalische Gesetz, das noch heute seinen Namen trägt.

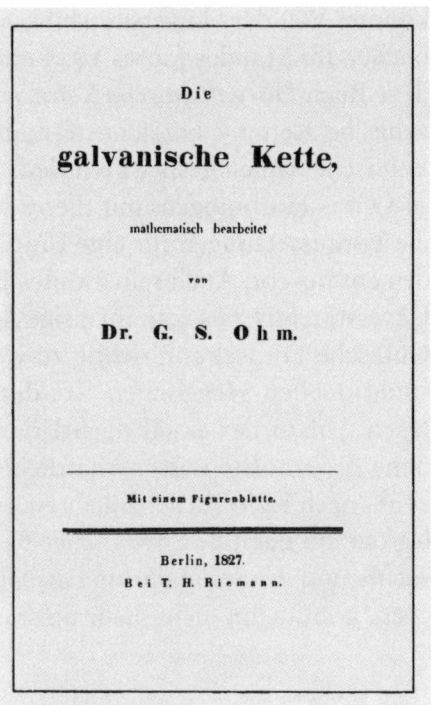

Das wichtigste Werk von Georg Simon Ohm: »Die galvanische Kette, mathematisch bearbeitet« (1827)

Um seine wissenschaftlichen Untersuchungen ungestört weiterführen zu können, bat Ohm das Ministerium um einen einjährigen Urlaub vom Schuldienst. »Mit einer Kiste

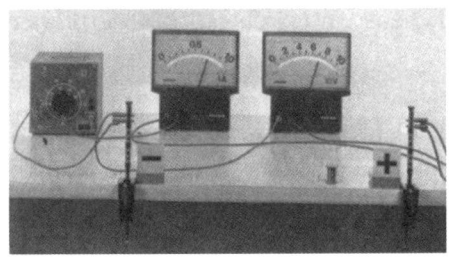

Eine Anordnung zur Überprüfung des Ohmschen Gesetzes. Eine regelbare Spannung wird an einen Konstantandraht angelegt. Strom und Spannung werden an beiden Meßgeräten abgelesen

echten kölnischen Wassers im Gepäck« reiste er nach Berlin, wo er im Haus seines Bruders Martin, der inzwischen Mathematikprofessor an der Universität Berlin geworden war, wohnen und arbeiten

konnte. Von der Universitätsbibliothek bekam er die neuesten Fach-
bücher. Im Mai des Jahres 1827 erschien das später berühmt gewordene Buch *Die galvanische Kette, mathematisch bearbeitet*. Als »galvanische Ketten« bezeichnete man damals Stromkreise, die durch
Voltasche Säulen gespeist wurden.

Ohms Hoffnungen, mit dieser wissenschaftlichen Arbeit endlich
die Voraussetzungen für eine Universitätslaufbahn zu erfüllen, wurden enttäuscht. Auch sein zweites Buch stieß bei den Fachleuten auf
Unverständnis, ja sogar auf eisige Ablehnung. Keiner verstand es, die
Ohmsche Entdeckung richtig zu werten, niemand wagte es, mit der
traditionellen Hegelschen Art der Naturbetrachtung zu brechen.
Nach Ablauf des einjährigen Urlaubs stand Ohm mittellos da und
ohne die erhoffte wissenschaftliche Reputation. Verbittert lehnte er
es ab, nach Köln zurückzukehren. Auch eine Delegation seiner Schüler, die ihn nach beschwerlicher Reise im Pferdewagen in Berlin besuchte und inständig darum bat, seine Weigerung rückgängig zu machen, konnte ihn nicht mehr umstimmen.

Ampère verstand die deutsche Sprache nicht

Sieben Jahre lang kämpfte Ohm um die Anerkennung seines Werkes.
Seinen kümmerlichen Lebensunterhalt verdiente er sich mit gelegent-
lichem Unterricht an der Artillerieschule. In dieser Zeit entstanden
18 weitere Veröffentlichungen: Über die galvanische Kette, über das
Erglühen von Drähten, über die Natur unipolarer Leiter. Doch die
vom Hegelianismus beeinflußten Wissenschaftler lehnten es immer
noch strikt ab, sich mit dem »für die Wissenschaft zwecklosen Spiel
mit mathematischen Symbolen und leeren hypothetischen Formeln«
zu befassen. Andere Physiker hatten nicht die Instrumente, um Ohms
Erkenntnisse durch eigene Messungen zu bestätigen. André Marie
Ampère (1775–1836), der Ohms Werk für die französische Akademie der Wissenschaften begutachten sollte, wäre der einzige gewesen, der die Bedeutung der Ohmschen Gesetze hätte ermessen können. Doch er konnte leider die in deutscher Sprache geschriebene
Abhandlung nicht lesen. Nach sieben Jahren wurde Ohms Werk, das
erste grundlegende Werk über die Theorie der elektrischen Erscheinungen, als Makulatur eingestampft.

Zahlreiche Gesuche von Ohm um eine feste Anstellung in Oldenburg oder München blieben erfolglos. Endlich, im Jahr 1833, erfüllte sich für den inzwischen 44jährigen ein Traum: Man übertrug ihm die Professur für Physik an der neugegründeten Polytechnischen Schule in Nürnberg. Ohm blühte förmlich auf, seine Studenten waren von seinen Vorlesungen begeistert. »Angetan mit einem langen dunkelblauen Rock, in dessen großer Seitentasche die fleißig benutzte Schnupftabaksdose untergebracht war, schritt er im Hörsaale umher. Obschon im reiferen Mannesalter entwickelte er eine Lebhaftigkeit und eine Fülle der Stimme, wie dies sonst nur der strotzenden Kraft des Jünglings eigen ist. Wie zündend war sein Vortrag, wie eindringlich seine Lehrweise!«

Späte Ehrungen

Sechs Jahre lang veröffentlichte Ohm keine einzige Zeile mehr. Doch gerade in dieser Zeit fand sein Elektrizitätsgesetz allmählich die gebührende Anerkennung. Die *Royal Society* in London ehrte den überraschten Junggesellen mit der Verleihung einer hohen Auszeichnung, der Copley-Medaille (dem Nobelpreis jener Zeit). Nun war Ohm, den man in Nürnberg eigentlich nur als Sonderling gekannt hatte, der bescheiden und zurückgezogen als Untermieter in der Klaragasse 1 wohnte und mit seinem Spitz namens Wackl einsame Spaziergänge durch den Stadtwald machte, auf einmal ein berühmter Mann. Eine Auszeichnung folgte der anderen. Man ernannte ihn zum korrespondierenden Mitglied der *Royal Society,* die Turiner Königliche Akademie nahm ihn in ihre Reihen auf, und auch im eigenen Lande galt nun der »Prophet« Georg Ohm als wissenschaftliche

---

Die SI-Einheit Ohm

Das Ohm ist die Einheit des elektrischen Widerstandes.

Definition: 1 Ohm (Ω) ist der elektrische Widerstand zwischen zwei Punkten eines homogenen metallischen Leiters, durch den bei der elektrischen Spannung 1 Volt ein Strom der Stärke 1 Ampere fließt.

$$1\,\Omega = 1\,V\,/\,A$$

Autorität. König Maximilian II. von Bayern setzte ihn als zweiten
Konservator der Akademie der Wissenschaften in München ein und
ernannte ihn zum Ministerialreferenten für das Telegraphenwesen.
Im Jahr 1850 erhielt er die Ehrenbürgerschaft der Stadt Nürnberg,
zwei Jahre später wurde er »Ritter des bayerischen Maximilians-
ordens für Wissenschaft und Kunst«. Mit 61 Jahren erfüllte sich für
ihn endlich auch der größte Wunsch: Er wurde ordentlicher Professor und Ordinarius für Physik an der Universität München. Die
Polytechniker verabschiedeten ihn aus Nürnberg mit einem Fackel-
zug.

Ein Unmusikalischer löst die Rätsel der Klangfarben

Die internationale Anerkennung gab Ohm auch wieder Auftrieb für
eigene wissenschaftliche Arbeiten. Im Jahr 1843 erschien seine Veröffentlichung über die *Theorie des Tones*. Mit ihr löste er das Rätsel
der Klangfarben, indem er mathematisch nachwies, daß das Ohr jedes Tongemisch in die einfachen Töne zerlegt. Der tiefste Ton be-
stimmt die Tonhöhe, die Obertöne ergeben die Klangfarbe. Für seine
Untersuchungen brauchte er allerdings einen Kollegen, der ein feines
Gehör hatte. Ohm selbst war nämlich völlig unmusikalisch.

Es hatte beinahe schon Tradition: Auch das *Ohmsche Gesetz der
Akustik* wurde zunächst nicht anerkannt, von namhaften Physikern
sogar bekämpft. Es gab ja noch keine Möglichkeit, die Schwingungen anders nachzuweisen als durch das Gehör. Erst 15 Jahre später
entwickelte Hermann von Helmholtz (1821–1894) die wissenschaftliche Klanganalyse. Nun wurde die von Ohm entwickelte Theorie
anerkannt, aber sie wurde nicht ihm, sondern Helmholtz zugeschrie-
ben.

Ohm hatte schon früh die Vermutung gehegt, daß die physikalischen Erscheinungen Licht, Wärme, Magnetismus und Elektrizität
auf ein einfaches Grundgesetz zurückzuführen seien, dessen Schlüssel im molekularen Aufbau der Materie liegen müßte. Im Alter von
60 Jahren wollte er mit seiner *Molecularphysik* diese Theorie belegen
und weiterentwickeln, doch kam er über den ersten Band nicht hinaus. Seine Lehrverpflichtungen hinderten ihn an der Fertigstellung
des Werkes.

Tod auf der Isarbrücke

Die Vorlesungen des plötzlich zu Ruhm und Ehren gekommenen Professors Ohm waren so überfüllt, daß die Hörer »nicht einmal ein Oktavblatt Platz zum Schreiben« hatten. Um dem abzuhelfen, schrieb Ohm für die Studenten ein Lehrbuch: *Grundzüge der Physik als Compendium für meine Vorlesungen*. Mitten in dieser Arbeit traf ihn ein erster Schlaganfall. Zwar konnte er sich davon noch einmal erholen und auch das Lehrbuch zu Ende schreiben. Wenige Monate später aber, am Abend des 6. Juli 1854 – er saß mit Freunden zusammen und erzählte ihnen »ganz munter von seinen Erlebnissen in Köln« –, traf ihn ein zweiter Schlaganfall. Auf der Heimfahrt mit der Kutsche, mitten auf der Isarbrücke, starb Georg Simon Ohm im Kreis seiner ehemaligen Schüler.

27 Jahre später erfuhr Ohm posthum noch eine späte, vielleicht die größte Ehrung: Der 1881 in Paris tagende Kongreß der Elektrotechniker benannte die Maßeinheit des elektrischen Widerstandes nach seinem Namen. Als Symbol wählte man – in Anspielung auf Ohms humanistische Bildung – das griechische Zeichen Ω.

Fehler über Fehler

Eine seltsame Kette von Irrtümern zieht sich durch das Leben von Georg Simon Ohm. Schon im Taufregister notierte der Pfarrer versehentlich einen falschen Vornamen: Aus Georg Simon wurde ein amtlich verzeichneter Johann Simon Ohm.

Auf seinem Grabstein in München finden sich gleich zwei falsche Angaben: Als Geburtsjahr ist dort 1787 eingemeißelt statt 1789, als Todestag steht der 7. statt 6. Juli 1854.

Das falsche Geburtsjahr taucht später noch mehrfach auf. Zum 100. Geburtstag von Ohm (1889) ließ die Stadt Erlangen eine Gedenktafel gießen, die gleichfalls 1787 als Geburtsjahr anzeigte. Der Fehler wurde zwar noch rechtzeitig bemerkt und die Tafel neu gegossen. Aber dann wurde sie am falschen Geburtshaus angebracht, nicht in der Fahrstraße 11, wo Ohm tatsächlich geboren ist, sondern am Haus Fahrstraße 6. Die Tafel blieb dort bis 1939 hängen, erst dann wurde sie am echten Geburtshaus befestigt. Die 150. Wiederkehr von Ohms Geburtstag wurde in zahlreichen Zeitungen zwei Jahre zu früh gefeiert, 1937 statt 1939.

Ein Nachruf auf Georg Simon Ohm, herausgegeben von der Bayerischen Akademie der Wissenschaften im Todesjahr Ohms, strotzt geradezu von Fehlern: der Vorname, das Geburtsjahr, weitere Lebensdaten – alle falsch. Die vom Bayerischen Ingenieurverein geschaffene Ohm-Medaille zeigt das Porträt von Martin Luther und nicht das von Ohm.

Falsche Vornamen, falsche Lebensdaten, falsche bildliche Darstellungen, das sind peinliche Fehler. Schlimmer noch ist die falsche Zuschreibung der beiden Ohmschen Gesetze. Das von Ohm aufgestellte elektrische Gesetz wurde zunächst dem französischen Physiker Claude-Servais-Mathias Pouillet (1790–1868) zugeteilt, und sein akustisches Gesetz lief lange Zeit fälschlicherweise unter der Bezeichnung »Helmholtzsches Gesetz«.

Das Experiment auf dem Puy de Dôme

Blaise Pascal (1623–1662), Entdecker der Atmosphäre

Blaise Pascal, französischer Naturwissen-
schaftler und Philosoph
* 19. Juni 1623 in Clermont-Ferrand
(Auvergne)
† 19. August 1662 in Paris

Hat die Natur Angst vor dem Nichts? Seit der Antike beschäftigte diese Frage nach dem *horror vacui* die Köpfe der Gelehrten, der Philosophen, der Kleriker. Konkret gefragt: Wird der Weltraum von einem Stoffäther ausgefüllt? Oder gibt es zwischen den Sternen einen absolut leeren Raum? Hinter dieser Frage verbarg sich Dynamit. Wäre nämlich der Raum zwischen den Planeten mit einem gasähnlichen Stoff erfüllt, dann könnten sich die Himmelskörper nicht auf ihren Umlaufbahnen um die Sonne halten. Wenn aber der Weltraum völlig leer ist, wenn dort ein Nichts, ein Vakuum herrscht, wo sollte dann Gott wohnen? Die Angst vor dem Vakuum war mehr als eine rein wissenschaftliche Frage, sie berührte das Fundament der Religion. Der Mann, der auf diese Frage die richtige Antwort fand, heißt Blaise Pascal.

Für die Wetterfrösche ist sein Name ein wichtiges Maß. Der Luftdruck wird in der Einheit Hectopascal, abgekürzt hPa, angegeben.

Blaise Pascal wurde 1623 in Clermont – dem heutigen Clermont-Ferrand – geboren. Der Vater hatte als königlicher Rat und Präsident am

Cour des Aides (Steuergericht) eine gehobene gesellschaftliche Position. Die Familie konnte ein komfortables Leben führen, es gab keine materiellen Sorgen. Als Blaise drei Jahre alt war, starb seine Mutter. Nun übernahm die ältere Schwester seine Erziehung. Später zog der Vater mit der Familie nach Paris, um sich besser der Unterrichtung seines hochbegabten Sohnes widmen und ihm den Gang in die Schule ersparen zu können. Er arbeitete für Blaise einen pedantischen Lehrplan aus, mit dem Schwergewicht auf den alten Sprachen und der Grammatik. Was den jungen Pascal besonders interessierte, Naturwissenschaft und Mathematik, hielt er von ihm fern. Für den strengen Vater waren diese Fächer für Kinder gänzlich ungeeignet, er versteckte die einschlägigen Bücher.

Spiel mit geometrischen Figuren

Eines Tages überraschte der zwölfjährige Blaise seinen Vater mit der Frage: »Was ist eigentlich Mathematik?« Die Antwort, diese Wissenschaft diene beispielsweise dazu, Figuren richtig zu zeichnen, regte den Jungen dazu an, mit einem Stück Kohle Dreiecke und Kreise auf die Fliesen des Fußbodens zu malen. Da ihm die wissenschaftlichen Ausdrücke fremd waren, behalf er sich mit eigenen Namensschöpfungen: Der Kreis war für ihn das »Rund«, die Gerade wurde zum »Stab«. Anhand dieser Definitionen ersann er Thesen und versuchte diese anschließend vor sich selbst zu beweisen. Als der Vater einige Monate später nach dem Sinn dieser seltsamen Figuren fragte, mußte er erstaunt feststellen, daß der Junge bereits die ersten 32

Der 12jährige Blaise zeichnet geometrische Figuren auf die Fließen des Fußbodens

Lehrsätze aus Euklids Geometrie beherrschte, ohne dessen Buch jemals gelesen zu haben. Mit 16 Jahren verfaßte Pascal sein erstes wissenschaftliches Werk. Darin wies er nach, daß Ellipse, Parabel und Hyperbel als Projektionen ein und desselben Kreises angesehen werden können. Ohne es zu wissen, begründete er damit die Lehre der Kegelschnitte. Der große französische Philosoph René Descartes wollte nicht glauben, daß ein 16jähriger diese von Logik und tiefem mathematischem Verständnis geprägte Abhandlung geschrieben hatte.

Aus Mitleid die Rechenmaschine erfunden

Eine noch erstaunlichere Pioniertat gelang dem jungen Pascal wenige Jahre später. Der Vater war beim Finanzminister Séguier in Ungnade gefallen und nach Rouen geschickt worden, mit dem Auftrag, hier die Steuern einzutreiben. Pascal, dem der Vater leid tat, wenn er bis spät in der Nacht über seinen Zahlenkolonnen saß, fragte sich, ob man die endlosen Additionen nicht durch einen Mechanismus vereinfachen könnte. In wochenlanger Arbeit konstruierte und baute der 19jährige einen Apparat mit einem komplizierten System von Ziffernwalzen und Zählwerken. Damit konnte er Additionen bis zu achtstelligen Summen durchführen. Es war die erste Rechenmaschine der Geschichte. Das schwierige Problem der Zehnerübertragung löste Pascal mit einem Schwerkrafthebel und einer federnden Klinke, die bei 9 automatisch auf die nächste Zehnerstelle sprang. Weil die Rechenmaschine nur in einer Drehrichtung lief und deshalb nur Additionen durchführen konnte, baute er

Blaise Pascal zeigt stolz seine Rechenmaschine

*Pascals Maschine zum Addieren und Subtrahieren. Modell für den Kanzler Séguier,
um 1644*

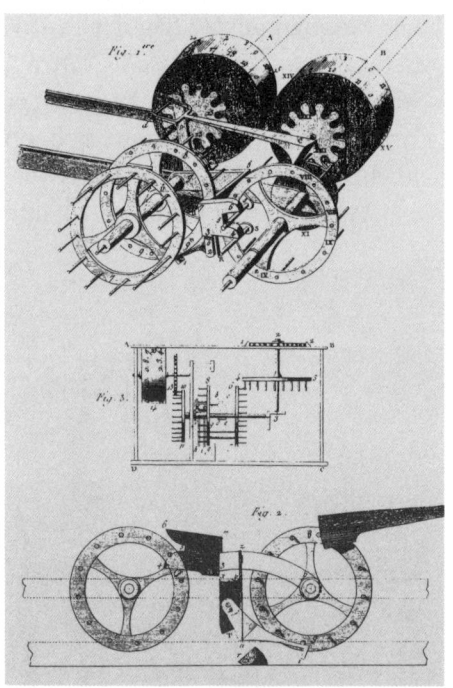

Das Räderwerk der Rechenmaschine

die Maschine um und verwendete die Komplementärzahlen zur Subtraktion.

Jahrelang arbeitete der junge Mann an Verbesserungen der Mechanik, bis er im Jahr 1645 die erste fehlerfrei funktionierende Rechenmaschine der Öffentlichkeit vorstellen konnte. Schlauerweise widmete er das erste Exemplar dem Vorgesetzten seines Vaters, Pierre Séguier, der inzwischen zum Statthalter der Normandie aufgestiegen war. Dieser fühlte sich geschmeichelt und setzte sich dafür ein, daß der Erfinder ein »Königliches Privileg« für die Herstellung und den Verkauf der »Pascaline« erhielt. Pascal konnte im Laufe der nächsten Jahre mehr als fünfzig dieser Rechenmaschinen bauen und gegen gutes Geld an die Finanzbehörden verkaufen. Zehn der »Pascalinen« stehen noch immer in den Museen der Welt. Die moderne Computertechnik erweist heute dem Erfinder der Rechenmaschine ihre Reverenz, indem sie eine Programmiersprache nach dessen Namen Pascal nennt.

Wie beweist man die Existenz einer Lufthülle?

Blaise Pascal war 24 Jahre alt, als ihn ein neues, diesmal physikalisches Problem faszinierte. Der italienische Physiker Torricelli (1608–1647), Erfinder des Quecksilberbarometers, hatte 1643 behauptet, die Erde sei von einem dünnen Dunstkreis umgeben, von einer Hülle aus Luft. Er konnte das aber nicht beweisen. Blaise Pascal packte nun der Ehrgeiz, er wollte die Lufthülle auf experimentellem Wege überzeugend nachweisen. Sollte Torricelli recht haben, und Pascal glaubte fest daran, mußte der Luftdruck mit zunehmender Höhe durch das geringere Gewicht der darüberliegenden Luftschicht sinken. Zuerst führte Pascal Messungen in seinem Zimmer durch, dann an der Fassade eines mehrstöckigen Hauses, schließlich auf der Spitze eines Turmes. Doch die Höhenunterschiede waren zu gering, als daß man eine Veränderung des Luftdrucks am Stand einer Quecksilbersäule hätte ablesen können. Auf einem hohen Berg, so seine Überlegung, müßte der Druckunterschied aber deutlich meßbar sein.

So kam es am 9. September 1648 zu dem berühmten Experiment auf dem Puy de Dôme, der höchsten Erhebung der Auvergne. Pascal fühlte sich zu schwach, um

An einem 10 m hohen Barometer den Druckunterschied am Boden und im Obergeschoß eines dreistöckigen Hauses feststellen

---

Die SI-Einheit Pascal

Das Pascal ist die Einheit des Drucks oder der mechanischen Spannung.

Definition: Das Pascal (Pa) ist der Druck, der durch die Kraft 1 Newton (N) erzeugt wird, die auf eine senkrechte Fläche von 1 m² gleichmäßig verteilt wird.

$$1 \text{ Pa} = 1 \text{ N} / \text{m}^2 = 10^{-5} \text{ bar}$$

---

den Berg selbst zu besteigen. Chronische Verdauungsbeschwerden, peinigende Kopfschmerzen und Schlaflosigkeit hatten seine Gesundheit untergraben. So bat er seinen Schwager Florin Périer, einen geübten Bergsteiger, die Messung zu übernehmen. An mehreren umgebauten »Torricellischen Röhren« markierte Périer den Stand der Quecksilbersäule am Fuß des Berges, auf halber Höhe und schließlich auf dem Gipfel des 1465 m hohen Puy de Dôme. Tatsächlich, die Quecksilbersäulen waren auf dem Berggipfel 8,5 cm niedriger als im Tal. Wenn aber die Luft mit zunehmender Höhe immer dünner wurde, dann war klar, daß es irgendwo eine Grenze gab. Nach Hochrechnungen sollte diese Grenze bei etwa 8000 Metern liegen. In 100 oder 500 km Höhe mußte die Luft schon so dünn sein, daß man durchaus von einem Vakuum sprechen konnte. Das galt natürlich erst recht für den Raum zwischen dem Mond und den Planeten. Pascal hatte also den Beweis geliefert: Die Erde ist von einer Lufthülle umgeben, das Weltall ist jedoch absolut luftleer.

Zahnschmerzen als Anlaß für wichtige Erfindungen

Mit diesem Experiment, einem der wichtigsten in der Geschichte der Physik, beendete Blaise Pascal die jahrhundertealte, mit großer Erbitterung und philosophischer Spitzfindigkeit geführte Diskussion um die Lehre der Naturphilosophen von der »Abscheu der Natur vor dem Leeren«.

In weiteren Experimenten fand Pascal das physikalische »Gesetz der kommunizierenden Röhren«, ein »hydrostatisches Paradoxon«

und das Prinzip einer hydraulischen Presse. Angeregt durch einen Glückspieler, der nicht begreifen konnte, warum er beim Spiel so oft verlor, untersuchte er die Gesetzmäßigkeiten des Münzenwurfs: Zahl oder Wappen? Daraus entwickelte Pascal eine allgemeine Theorie der Wahrscheinlichkeitsrechnung, die noch heute Gültigkeit besitzt. Nachts wurde Pascal häufig von heftigen Zahnschmerzen geplagt. Um sich abzulenken, konstruierte er eine Schubkarre und befaßte sich mit dem ungelösten Problem der Zykloide, d. h. mit der Kurve, die ein Nagel beschreibt, der auf der Peripherie eines rollenden Rades sitzt. In einer einzigen Nacht fand Pascal die richtige Lösung, nach der ganze Generationen von Mathematikern vergeblich gesucht hatten.

Mit diesen für Physik und Mathematik fundamental wichtigen Erkenntnissen war die naturwissenschaftliche Laufbahn des erst 30 Jahre alten Blaise Pascal auch schon beendet. Sie wurde durch eine zunehmende Weltverachtung und Hinwendung zu theologischen und philosophischen Problemen abgelöst.

Das Kloster Port-Royal des Champs (17. Jh.). Hier verbrachte Pascal seine letzten Lebensjahre

In strenger Askese geistreiche Schmähschriften

Schon als 23jähriger hatte sich Pascal einer religiösen Erweckungs-
bewegung angeschlossen, den »Freunden des heiligen Augustinus«,
die dem mystischen Glauben des »Jansenismus« anhingen, eine nach
dem Theologen Cornelius Jansen d. J. (1585–1638) benannte dog-
matische, moralische und politische Bewegung des 17. und 18. Jahrhunderts, die besonders in Belgien, den Niederlanden und in Frankreich verbreitet war. Ein schwerer Unfall, bei dem Pascal nur knapp
dem Tode entronnen war, veranlaßte ihn, seinen Lebensinhalt radikal zu verändern. Er nahm Abschied von der Wissenschaft und gab
sich ganz seinem Hang zum Religiösen hin. Die letzten acht Jahre seines kurzen Lebens verbrachte er im Zisterzienserkloster *Port-Royal*
bei Versailles. Unter ständigen Schmerzen – seit seinem 18. Lebensjahr hatte Pascal keinen einzigen schmerzfreien Tag erlebt – schrieb
er originelle Schmähschriften, beispielsweise die *Briefe aus der Pro-
vinz,* in denen er seine weltanschaulichen Gegner mit Polemik und
geistreichem Spott überhäufte. Seine religiösen Bücher – eine Apolo-
gie des Christentums, die *Pensées* und die *Logik des Herzens* – gehören zu den wichtigsten Werken der französischen Literatur des
17. Jahrhunderts. In strenger Einsamkeit versenkte sich Pascal in das
Gebet, er duldete weder Bilder noch Tapeten in seinem Zimmer, er
versagte sich seine Lieblingsspeisen und verzichtete auf alle Dienst-
leistungen. Ständig trug er einen selbstgebauten Stachelgürtel um
seinen Leib und ergab sich der Askese bis an den Rand der Selbstzer-
störung. Nach seinem 36. Geburtstag verschlechterte sich sein Gesundheitszustand so sehr, daß er an eine regelmäßige Arbeit nicht
mehr denken konnte.

Die erste Omnibuslinie

Nur einmal noch, wenige Monate vor seinem Tode, beschäftigte sich
Blaise Pascal wieder mit einem technischen Problem. Er machte den
Vorschlag, zur Personenbeförderung in der Hauptstadt Paris mehr-
sitzige Pferdewagen einzuführen. Er erhielt sogar ein »Königliches
Patent« zur Gründung eines gemeinnützigen Transportunterneh-
mens. Aufgrund des Pascalschen Vorschlags wurde am 18. März

1662 in Paris die erste Omnibuslinie der Geschichte eröffnet. Am 19. August desselben Jahres starb Pascal, nur 39 Jahre alt, an den Folgen seiner chronischen Erkrankung.

Duplizität der Erfindungen

Im selben Jahr, in dem Pascal geboren wurde (1623), hatte ein deutscher Pfarrer ebenfalls die Idee, eine Rechenmaschine zu bauen. Auch er konstruierte eine solche Maschine aus Mitleid. Der in Herrenberg geborene Orientalist Wilhelm Schickard (1592–1635) wollte seinem väterlichen Freund Johannes Kepler (1571–1630) die langwierigen Berechnungen der komplizierten Himmelsbahnen erleichtern. Die halbfertige Konstruktion seiner »Rechenuhr« wurde jedoch durch einen Brand zerstört.

Erst 1957 fand der Keplerforscher Franz Hammer im Nachlaß Keplers die Bauanleitung von Schickard in Form einer Federzeichnung. Gemeinsam mit dem Tübinger Professor Baron von Freytag-Löringhoff rekonstruierte Hammer Schickards Rechenuhr. Und siehe da, sie funktionierte!

Mit goldenen Löffeln zum Erfolg

Werner von Siemens (1816–1892), Begründer der Starkstromtechnik

Werner von Siemens, deutscher Elektrotechniker und Unternehmer
* 13. Dezember 1816 in Lenthe bei Hannover
† 6. Dezember 1892 in Charlottenburg bei Berlin

Der Name Siemens hat einen guten Klang. Ein führender internationaler Konzern, der 380 000 Mitarbeitern einen sicheren Arbeitsplatz bietet. Seine Erzeugnisse auf dem Gebiet der Hochtechnologie genießen überall in der Welt den Ruf bester deutscher Wertarbeit. Den meisten Zeitgenossen dürfte bekannt sein, daß der Firmengründer, Werner von Siemens, eine Dynamomaschine erfand, mit der das Zeitalter des Starkstroms begann. Er baute die erste elektrische Eisenbahn, den ersten elektrisch betriebenen Aufzug, die erste elektrische Straßenbahn.

Kaum bekannt ist dagegen die Tatsache, daß der Name Siemens auch in die Fachsprache der Elektrotechnik eingegangen ist. »Siemens« ist die internationale Maßeinheit des elektrischen Leitwerts.

Werner Siemens war das vierte von 14 Kindern des Landwirts Christian Ferdinand Siemens, der das Gut Lenthe in der Nähe von Hannover bewirtschaftete. Der Vater hatte wenig Freude an seinem Beruf. Mißernten, Krankheit, vielleicht auch das eigene Unvermögen waren schuld daran, daß in der Familienkasse fast immer Ebbe herrschte. Am Stammtisch spotteten die Dorfhonoratioren, Christians einziger Erfolg bestehe darin, acht wohlgeratene Knaben gezeugt zu haben. Diese aber hatten in ihrem späteren Leben den Erfolg geradezu gepachtet.

Werner, der Älteste der Siemensbuben, besuchte in Lübeck das Katharinengymnasium und zeigte besondere Leistungen in den Fächern Physik und Mathematik. Sein sehnlichster Wunsch, studieren zu dürfen, ging nicht in Erfüllung: Der Vater sah sich außerstande, ihm ein Studium zu finanzieren. So bewarb sich Werner beim Ingenieurkorps des Preußischen Heeres. Dort konnte er als Offiziersanwärter eine kostenlose naturwissenschaftliche Ausbildung erhalten.

Goldene Löffel als Rettung in der Not

Nach dreijährigem Unterricht in Physik und Chemie, Mathematik und Ballistik wurde der 22jährige Bauernsohn zum Leutnant befördert. Ein Jahr später starben die Eltern. Werner Siemens hatte seiner Mutter auf dem Sterbebett das Versprechen gegeben, für den Lebensunterhalt seiner Geschwister zu sorgen. Doch das war eine schwierige Aufgabe, der karge Leutnantssold reichte dafür längst nicht aus. Not macht bekanntlich erfinderisch; an Erfindungsgabe und Phantasie hat es Siemens nie gefehlt. Als er bei seinen elektrochemischen Experimenten entdeckte, daß man Löffel, Gabeln und Messer auf elektrolytischem Wege mit einem Goldüberzug versehen konnte, sah er einen Weg, seinem Versprechen nachzukommen. Der sieben Jahre jüngere, sprachbegabte Bruder Wilhelm wurde nach England geschickt, um das neue galvanische Vergoldungsverfahren an Besteck-

Werner Siemens als junger Leutnant (1840)

fabriken zu verkaufen. Das Wunder geschah: Wilhelm fand auf der
Insel einen Interessenten. Mit dem Erlös von 1 500 Pfund Sterling war
die Familie ihrer drängenden Geldnöte fürs erste enthoben.

Ermutigt von dem unerwarteten Erfolg brütete Siemens weitere
Erfindungen aus: einen Differentialregler für Dampfmaschinen, eine
rotierende Schnellpresse für Druckereien, Funkenfänger für Dampf-
lokomotiven. Doch für diese technischen Verbesserungen interessierte sich niemand. Jahrelang gelang Leutnant Siemens kein Treffer
mehr. Als der Gewinn aus dem Galvanisiergeschäft aufgebraucht
war, wurde die Lage der Familie langsam wieder kritisch.

Der Telegraph in der Zigarrenkiste

Da geschah abermals ein Wunder: Ein Uhrmacher wandte sich hilfe-
suchend an den als Tüftler bekannten Werner Siemens. Die preußische Heeresverwaltung habe ihm einen »Wheatstoneschen Zeigertelegraphen« zur Reparatur gegeben, doch er komme mit dem neuen
Gerät nicht zurecht. Siemens erkannte sofort, warum der Telegraph
nicht funktionierte. Als er das defekte Gerät reparierte, wurde ihm
klar, welch große Bedeutung ein Nachrichtensystem haben würde,
mit dem man militärische Informationen auf dem schnellsten Wege
von einem Truppenteil zum anderen übermitteln könnte. Der bisher
verwendete optische Semaphor – ein mechanischer Signalgeber, mit
dem man auf fünf Meter hohen Gerüsten 86 verschiedene Zeichen
auf größere Entfernungen übertragen konnte – war nur bei klarer
Sicht einsatzfähig und arbeitete überdies viel zu langsam.

Mit einfachsten Hilfsmitteln – Zigarrenkiste, Weißblech, Kupferdraht und Uhrzeiger – bastelte Siemens das Modell eines verbesserten elektrischen Zeigertelegraphen und ließ es von dem befreundeten
Mechaniker und späteren Geschäftspartner Johann Georg Halske
nachbauen. Am 1. Oktober 1847 gründeten die beiden in Berlin die
»Telegraphenbauanstalt Siemens & Halske«. Die armselige Werkstatt in einem Hinterhof unweit des Anhalter Bahnhofs wurde zur
Keimzelle der heutigen Weltfirma Siemens.

Die »Telegraphenkommission«, der Siemens selbst angehörte,
schrieb einen Wettbewerb aus für das beste System zur Nachrichtenübermittlung über weite Entfernungen. Die Aufgabe bestand darin,

die historische Rede des Preußenkönigs Friedrich Wilhelm IV. aus der Frankfurter Paulskirche nach Berlin zu übertragen. Am 28. März des Jahres 1849 war die Telegraphenlinie Berlin–Frankfurt betriebsbereit. Der Apparat des amerikanischen Erfinders und Mitbewerbers Samuel Morse benötigte für die Übermittlung der Rede 75 Minuten, der von Werner Siemens gebaute Zeigertelegraph brauchte volle sieben Stunden. Dennoch gewann Siemens den Wettbewerb – sein Apparat war wesentlich einfacher zu bedienen.

Nachrichtenübermittlung über Land und unter Wasser

Doch die Telegraphie hatte noch erhebliche Schwächen, insbesondere wegen der ungenügenden Isolierung des Kupferkabels. Siemens entwickelte eine Presse, mit der man das Kabel nahtlos und absolut wasserdicht mit Guttapercha ummanteln konnte. Mit diesen Kabeln schafften die drei Siemens-Brüder Werner, Wilhelm und Carl den Einstieg in den Ausbau eines weltumspannenden Nachrichtennetzes. Der Ausbruch des Krimkrieges (1853) half dabei mit: Der russische Zar Nikolaus I. beauftragte die Firma Siemens & Halske mit dem Bau und der Wartung einer Telegraphenleitung von Petersburg nach

Verlegung eines Unterwasserkabels an der Themse (1863)

Kiew und weiter auf die Krim. Dieser Auftrag brachte den Brüdern den ersten großen Geschäftserfolg. Mehr als drei Millionen Rubel rollten in die Kasse.

Innerhalb von nur zwei Jahren baute Siemens die 11 000 Kilometer lange »Indo-europäische Telegraphenlinie« von London via Berlin, Warschau und Tiflis nach Kalkutta. Es folgten Unterwasserkabel von Spanien nach Algerien und im Jahr 1874, mit Hilfe eines eigens dafür konstruierten Kabellege-Spezialschiffes, der »Faraday«, das erste Transatlantikkabel von Irland nach New York.

Das Jahr 1866 spielte für Werner Siemens eine besondere Rolle. Wenige Wochen vor seinem 50. Geburtstag machte er eine technische Erfindung von größter Bedeutung. Er hatte einen kleinen Zündinduktor gebaut, den er zu seiner Berliner Physiker-Stammtischrunde mitbrachte. Die Welle ließ sich in Richtung des Rotorumlaufs fast widerstandslos drehen. Der Drehung in Gegenrichtung setzte der Rotor jedoch erhebliche Kraft entgegen. Wenn man die Sperre mit äußerster Anstrengung überwinden wollte, erhitzte sich die Spule, was auf einen starken Induktionsstrom schließen ließ. Über die Tragweite dieser Entdeckung war sich Siemens sofort im klaren. Er schrieb an seinen Bruder William in London: »Die Sache ist sehr entwicklungsfähig und kann eine neue Ära der Magneto-Elektrizität herbeiführen.« Wenige Wochen später war er sich seiner Sache sicher: »Dieser Apparat wird den Grundstein zu einer großen technischen Umwälzung bilden!« Werner Siemens hatte das dynamo-elektrische Prinzip entdeckt und als erster einen Weg gefunden, mechanische in

---

Die SI-Einheit Siemens

Das Siemens ist die Einheit des elektrischen Leitwerts.

Definition: 1 Siemens (S) ist der elektrische Leitwert eines Leiters vom Widerstand 1 Ohm.

$$1\,S = 1\,/\,\Omega = 1\,A^2\,s^3\,/\,kg\,m^2$$

Anmerkung: Die Einheit Siemens ist zugleich der Kehrwert der Maßeinheit Ohm. In der angloamerikanischen Literatur findet man deshalb statt S häufig noch das Zeichen »mho« (d. h. Ohm rückwärts gelesen).

elektrische Energie umzuwandeln. Der Schlüssel zum dynamo-elektrischen Prinzip war der berühmte »Doppel-T-Anker«, der mit sehr engem Luftspalt zwischen den Polschuhen eines Elektromagneten aus Weicheisen läuft. Am 17. Januar 1867 wurde seine Ausarbeitung vor der Berliner Akademie verlesen. Sie schloß mit den Worten: »Der Technik sind nun die Mittel gegeben, elektrische Ströme von unbegrenzter Stärke auf billige und bequeme Art überall da zu erzeugen, wo Arbeitskraft disponibel ist.«

Siegeszug der Starkstromtechnik

Bis die Kinderkrankheiten der Dynamomaschine überwunden waren, vergingen noch viele Jahre. Dann aber trat die Starkstromtechnik ihren Siegeszug an: Im Jahr 1878 wurden die ersten Straßen mit Kohlebogenlampen erleuchtet, ein Jahr später lief in Berlin die erste Elektrolokomotive, auf der Industrieausstellung in Mannheim fuhr der erste elektrische Aufzug. Straßenbahnen, Gruben- und Werkbahnen wurden mit Elektromotoren ausgerüstet. Auf der Ersten Internationalen Elektrizitätsausstellung in Paris feierte man Siemens

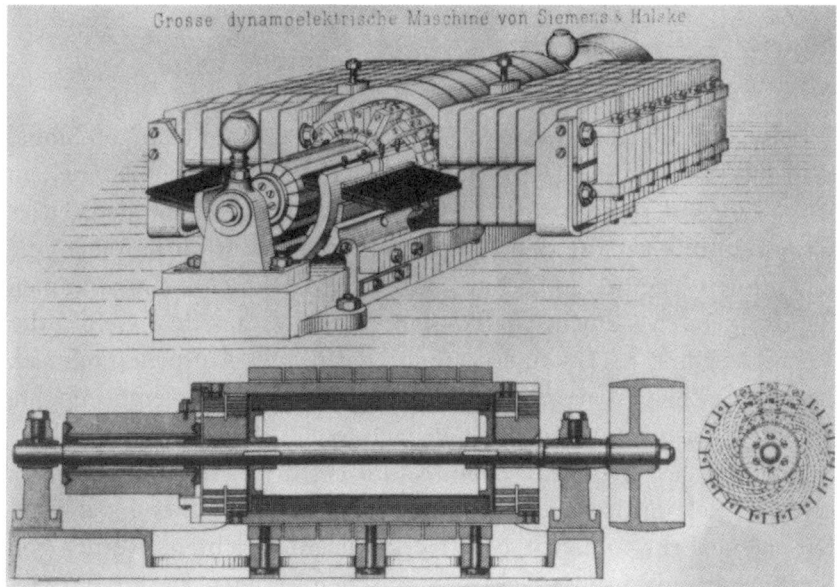

Dynamo-elektrische Maschine von Siemens & Halske

als Begründer der Elektrotechnik. Die Berliner Universität ehrte ihn mit der Verleihung der Ehrendoktorwür-
de, Kaiser Wilhelm berief ihn
in die Preußische Akademie
der Wissenschaften und er-
hob ihn in den preußischen
Adelsstand. Als der Kaiser
ihm auch noch den Titel eines Kommerzienrates verleihen wollte, lehnte Siemens
ab mit der Begründung: »Pre-
mierleutnant, Doktor phil.
honoris causa und Kommer-
zienrat vertragen sich nicht,
das macht ja Bauchschmer-
zen.«

*Die erste Straßenbahn mit elektrischer Oberlei-
tung von Frankfurt nach Offenbach (1884)*

Siemens – ein Prinzipal der alten Schule

Werner von Siemens war kein Industriemanager im heutigen Sinne.
Sein Führungsstil entsprach dem des mächtigen Prinzipals aus den
frühen Gründerjahren. Alle Fäden liefen bei ihm zusammen. Diese
Grundhaltung vertrug sich nicht immer mit den Anforderungen, die
das schnell wachsende Weltgeschäft mit sich brachte. Dazu kamen
die dringenden Gemeinschaftsaufgaben, die er aus dem Gefühl der
Verantwortung heraus übernommen hatte. Der Aufforderung, sich
im preußischen Abgeordnetenhaus politisch zu engagieren, mochte
er sich ebensowenig verschließen wie dem Auftrag, das erste deutsche Patentgesetz zu entwerfen. Kaum lag diese Arbeit hinter ihm,
setzte er sich dafür ein, an den noch jungen Technischen Hochschu-
len eigene Lehrstühle für Elektrotechnik einzurichten. Werner von
Siemens gründete den »Elektrotechnischen Verein«. Daraus entwik-
kelte sich später der »Verband Deutscher Elektrotechniker«, dessen

Zeichen VDE noch heute die Sicherheit von Millionen elektrischer Geräte garantiert.

Auf Siemens' Anregung hin legte der im Jahr 1881 in Paris tagende *Electrische Congreß* neue, international verbindliche Maßeinheiten der Elektrotechnik fest. Dabei wurde die seit 1860 verwendete »Siemenseinheit« für den elektrischen Widerstand durch die noch heute gültige Maßeinheit »Ohm« abgelöst. Sein letztes großes Werk war die Gründung der Physikalisch-Technischen Reichsanstalt mit der Zielsetzung, die Spitzenforschung zu fördern und die Ausbildung des Ingenieurnachwuchses zu verbessern. Hier wurde später auch das deutsche Eich- und Einheitenwesen entwickelt, an dem Siemens so sehr gelegen war.

Im Alter von 74 Jahren zog sich der Firmengründer von der Geschäftsführung zurück. Er wollte sich künftig nur noch um seine geliebte Wissenschaft kümmern. Wenige Tage vor seinem Tod konnte er das erste Exemplar seiner *Lebenserinnerungen* in die Hand nehmen. Der letzte Satz der Autobiographie lautet: »Mein Leben war schön, weil es wesentlich erfolgreiche Mühe und nützliche Arbeit war, und wenn ich meiner Trauer darüber Ausdruck gebe, daß es seinem Ende entgegengeht, so bewegt mich der Schmerz, daß … es mir nicht vergönnt ist, an der Entwicklung des naturwissenschaftlichen Zeitalters erfolgreich weiter zu arbeiten.«

Der Kopf und die Augen

Das Kunststück ist nicht, daß man mit dem Kopf durch die Wand rennt, sondern, daß man mit den Augen die Tür findet.

Werner von Siemens

Der Strahlenpapst

Rolf Maximilian Sievert (1896–1966), Pionier der Röntgentechnik

Rolf Maximilian Sievert,
schwedischer Physiker
* 6. Mai 1896 in Stockholm
† 3. Dezember 1966 in Stockholm

Was haben medizinisch-technische Assistentinnen in Röntgenpraxen mit den Mitarbeitern von kerntechnischen Anlagen gemeinsam? An ihrer Arbeitskleidung ist ein kleines Meßgerät befestigt, das die täglich aufgenommene Strahlendosis registriert: ein »Dosimeter«. Die Strahlenbelastung wird dabei in den Maßeinheiten mSv (»Milli-Sievert«) oder µSv (»Mikro-Sievert«) ausgedrückt.

Daß Milli- bzw. Mikro- der tausendste bzw. millionste Teil der Zahl 1 bedeutet, dürfte allgemein bekannt sein. Was aber bedeutet die Bezeichnung Sievert?

Die Vorfahren des schwedischen Strahlenphysikers Rolf Maximilian Sievert stammen, wie der Name vermuten läßt, aus Deutschland. Sieverts Großvater, geboren in Quedlinburg/Sachsen-Anhalt, betrieb in Zittau (Sachsen) eine Konditorei. Dessen Sohn, Max Sievert, gründete 1881 in Stockholm einen Großhandel für deutsche Werkzeugmaschinen. Aus den Gewinnen baute er eine Fabrik zur Herstellung von Hufnägeln und später von isolierten Kabeln. Nach der Erfindung des Telefons begann seine große Zeit: Das

Geschäft mit den seideumsponnenen Kupferdrähten für den Telefondienst florierte prächtig. Max Sievert wurde ein reicher Mann, er nahm die schwedische Staatsbürgerschaft an und heiratete die Schwedin Sofia Panchéen. Im Jahr 1896 wurde dem Paar der Sohn Rolf Maximilian geboren.

Berufsweg mit Hindernissen

Daß der einzige Sohn Rolf später in die Fußstapfen seines Vaters treten und die Leitung der Fabriken übernehmen sollte, war beschlossene Sache. Doch schon der erste Schritt in dieser Laufbahn schlug fehl: Ein wütender Arbeiter warf dem Direktorensöhnchen ein Eisenstück an den Kopf. Die Ausbildung im väterlichen Betrieb nahm so ein schnelles Ende. Dem Auszubildenden kam das gar nicht ungelegen, denn nach Lernen und Arbeiten stand ihm ohnehin nicht der Sinn. Am liebsten verbrachte er seine Zeit auf der väterlichen Segeljacht.

Als Max Sievert im Jahr 1913 starb, war sein Sohn Rolf 17 Jahre alt. Mit Ach und Krach bestand er das Abitur. Die Tatsache, daß er als Erbe eines sehr großen Vermögens auch ohne geregelte Arbeit ein flottes Leben führen könnte, machte ihm die Berufswahl nicht leichter. Zuerst versuchte er es mit dem Studium der Medizin am Karolinischen Institut in Stockholm, doch bald warf er das Handtuch. Auch der Versuch, an der Königlichen Technischen Hochschule in Stockholm Elektrotechnik zu studieren, scheiterte nach wenigen Monaten. Der be-

Sieverts Kabelfabrik (1890)

Die SI-Einheit Sievert

Sievert ist die Einheit der Äquivalentdosis bei der Bestrahlung biologischer Systeme.

Definition: 1 Sievert (Sv) ist die Energiedosis D einer ionisierenden Strahlung, multipliziert mit einem Bewertungsfaktor q, der die Ionisationsdichte der einzelnen Strahlenarten berücksichtigt.

$$1\,Sv = \text{Energiedosis D x Bewertungsfaktor q}$$
$$= 1\,J\,/\,kg$$
$$= 100\,\text{rem (veraltete Einheit)}$$

sorgten Mutter eröffnete er, das Studientempo sei ihm viel zu hoch. Schließlich landete Rolf Sievert an der Universität von Uppsala, wo er sich mit den Fächern Astronomie, Meteorologie, Mathematik und Mechanik herumschlagen mußte, was auch nicht immer nach seinem Geschmack war. Immerhin schaffte er im Jahr 1919 den ersten akademischen Grad. Es schloß sich ein weiteres Studium an der Stockholmer Hochschule für Physik an, danach übernahm er eine Assistentenstelle am Nobelinstitut der Schwedischen Akademie der Wissenschaften. In seiner Diplomarbeit untersuchte er die Strahlungsintensität eines Radiumpräparates. So stieß er auf das Arbeitsgebiet, das später zu seinem Lebenswerk werden sollte.

Prominente Strahlenopfer

Seit 1895, als der Würzburger Physiker Wilhelm Conrad Röntgen (1845–1923) die energiereichen elektromagnetischen Strahlen entdeckt hatte, waren die Mediziner fasziniert von der Möglichkeit, das Innere des menschlichen Körpers sichtbar zu machen. Die Pioniere der Röntgentechnik achteten jedoch viel zuwenig auf die Gefahren, die von den harten Strahlen ausgingen. Sie arbeiteten ohne Strahlenschutz für Hände und Körper. Dabei zogen sich zahlreiche Forscher, Ärzte und Patienten schwere, zum Teil sogar tödliche Strahlenschäden zu. Einer der ersten, der die zellzerstörende Wirkung harter Strahlen am eigenen Leib verspüren mußte, war der französische Physiker Henri Becquerel (1852–1908), der Entdecker der Radioaktivität. Ein Radiumpräparat, das er in seiner Westentasche vergessen hatte, verursachte auf der Bauchdecke schwere Verbrennungen. Marie Curie (1867–1934), die mit ihrem Ehemann Pierre Curie das radioaktive Element Radium entdeckt hatte, starb an Leukämie. Während des Ersten Weltkrieges hatte sie sich als Röntgeninstrukteur der französischen Armee unbemerkt zu hohen Strahlendosen ausgesetzt.

Der schmale Grat zwischen zuwenig und zuviel

Auf einer Studienreise in die USA (1920) hatte Rolf Sievert von einer neuen Diagnose und Therapie von Krebserkrankungen gehört. Einige Kliniken beabsichtigten, Röntgenstrahlen und Radiumpräparate für die Behandlung bösartiger Tumore einzusetzen. Allerdings gab es dabei ein großes Problem: Wie kann der Arzt die energiereichen Strahlen richtig dosieren? Bei niedrigen Dosen war die Behandlung unwirksam, bei einer Überdosierung wurde gesundes Gewebe zerstört. Weil eine geeignete Meßmethode fehlte, die den schmalen Bereich zwischen dem Zuwenig und dem Zuviel an Strahlen sichtbar macht, zögerten die meisten Mediziner, die harten Strahlen auch zu therapeutischen Zwecken einzusetzen. Für die Entwicklung einer geeigneten Meßapparatur war der Sachverstand der Physiker gefragt.

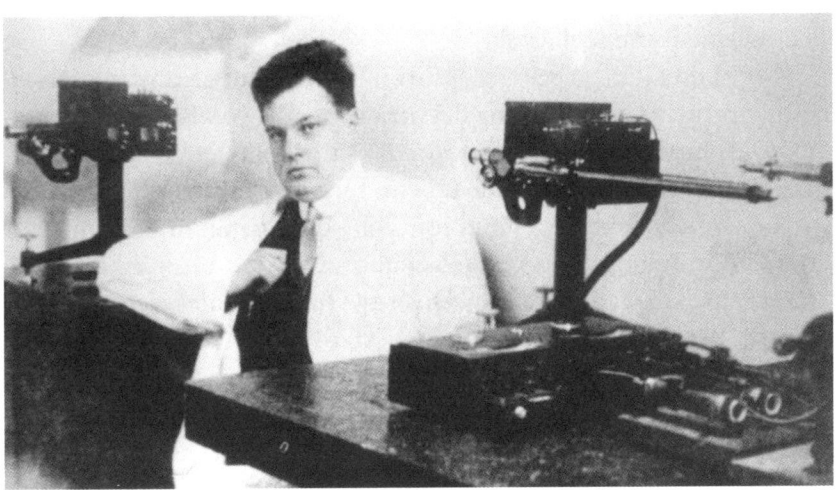

Rolf Sievert im Labor (1925)

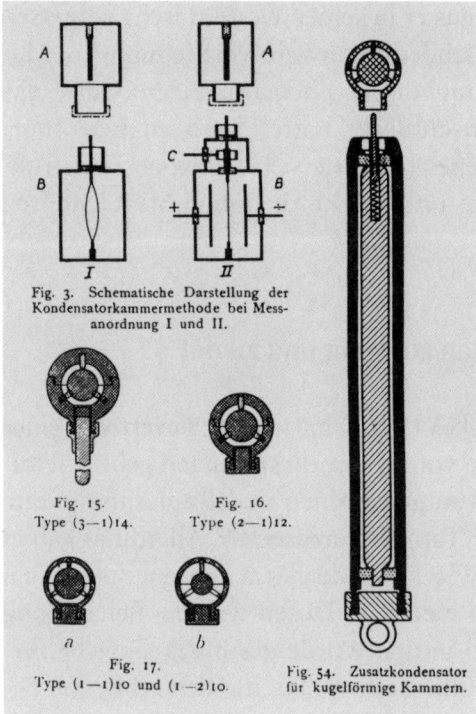

Fig. 3. Schematische Darstellung der
Kondensatorkammermethode bei Mess-
anordnung I und II.

Fig. 15.
Type (3—1)14.

Fig. 16.
Type (2—1)12.

Fig. 17.
Type (1—1)10 und (1—2)10.

Fig. 54. Zusatzkondensator
für kugelförmige Kammern.

*Die von Sievert entwickelte »Kondensatorkammer«
zur Messung von Strahlendosen*

Als der 25 Jahre alte Sievert vom Direktor einer Stockholmer Klinik gefragt wurde, ob er Lust hätte, physikalische Methoden zur Messung der Intensität der Röntgenstrahlen zu entwickeln, sagte er sofort zu. Endlich bot sich ihm eine interessante Aufgabe. Das angebotene Assistentengehalt war zwar lächerlich niedrig, aber das machte ihm nichts aus. Als reicher Erbe konnte er auf eine Bezahlung leicht verzichten. Weit mehr störten ihn die miserablen Arbeitsbedingungen. Sieverts Laboratorium bestand aus einem fünf Quadratmeter kleinen Bretterverschlag, eine Hilfskraft stand ihm nicht zur Verfügung, die Instrumente mußte er sich selbst zusammenbasteln.

Zwei Jahre lang arbeitete Sievert intensiv an der Konstruktion eines Instruments zur Messung der Strahlendosis von Röntgenapparaten. Das Ergebnis war eine »Kondensatorkammer«. Sie wird zunächst auf 150 Volt aufgeladen. Beim Einfall energiereicher Strahlen wird das umgebende Medium ionisiert, die Spannung fällt meßbar ab. Der Spannungsverlust ist ein exaktes Maß für die Strahlendosis. Sievert machte Tausende von Dosismessungen unter den verschiedensten Bedingungen, bevor er sich 1926 entschloß, eine Abhandlung über »eine einfache, zuverlässige Vorrichtung zum Messen von Tiefendosen« zu veröffentlichen. Diese Publikation fand in der Fachwelt große Beachtung. Der große Vorteil der »Kondensatorkammer« war, daß man auch die Streustrahlung der damals noch recht primitiven Röntgengeräte kontrollieren konnte. Die in der englischen Literatur *Sievert chamber* genannte Vorrichtung war das erste Modell eines Strahlendosimeters.

Mit Radiumkanonen gegen Krebsgeschwülste

Nachdem die grundlegende Voraussetzung für die Strahlenmessung geschaffen war, konnte Sievert – inzwischen Leiter eines immer größer werdenden Stabes von wissenschaftlichen Mitarbeitern – daran gehen, geeignete Methoden zum Schutz vor zu hoher Strahlenbelastung zu entwickeln. Dazu waren alle Arten von Röntgengeräten zu vermessen und zu dokumentieren.

Mit der Konstruktion und Weiterentwicklung des »Ionisationsdetektors« hatte Sievert aber auch den Weg freigemacht für einen völlig neuen Zweig der Medizin: die Radiobiologie. Erstmals bekamen Ärzte eine Möglichkeit, harte Röntgenstrahlen und die Strahlung von Radiumpräparaten gefahrlos zu dosieren. Damit konnten die energiereichen Strahlen nicht nur zur Untersuchung des Knochengerüsts, sondern auch zur Diagnose innerer Krankheiten eingesetzt werden.

Direktor Sievert und Mitarbeiter (etwa 1950)

Noch weitreichendere Folgen hatte die Dosismessung auf dem Gebiet der Tumorbekämpfung. Nachdem geeignete Geräte zur Bestrahlung entwickelt waren – man nannte sie damals »Radiumkanonen« –, konnten sogar bis dahin inoperable Krebsgeschwülste erfolgreich bekämpft werden. Unzähligen Menschen hat diese Therapie das Leben gerettet oder wenigstens verlängert.

Eine andere wichtige Aufgabe, die Sievert übernommen hatte, war die Festlegung von Patientendosen und die Erprobung von Vorrichtungen und Hilfsmitteln, um das Bedienungspersonal vor der unvermeidlichen Streustrahlung zu schützen. Noch heute wird die Strahlungsbelastung des Personals mit Hilfe des Ionisationsdosimeters (und seiner Weiterentwicklung, des Digitaldosimeters) kontrolliert. In ihrer miniaturisierten Form fehlen die Ionisationsdosimeter in keiner Röntgenpraxis: Als »Füllhalterdosimeter« stecken sie in der Brusttasche des weißen Arztkittels. In den angelsächsischen Ländern tragen diese Geräte bis heute den Namen ihres Erfinders: *Sievert chamber*.

Mit Ämtern überhäuft

Sieverts Wirkungskreis ging bald über die Stockholmer Strahlenklinik hinaus. Die Krankenhäuser und Privatkliniken im Lande benötigten seinen Rat und Sachverstand. Eine mobile Meßstation wurde gebaut. Sievert reiste unermüdlich von Klinik zu Klinik und kontrollierte und justierte die Röntgengeräte. Als Administrator war Sievert ebenso gefragt wie als Berater und Konstrukteur. Das erste Strahlenschutzgesetz, das im Jahr 1941 in Kraft trat, trägt seine Handschrift.

Das schwedische Modell eines ingenieurmäßig organisierten und zentral gesteuerten Strahlenschutzes fand bei den Fachleuten im Ausland große Beachtung. Eine internationale Zusammenarbeit bei der Festlegung von Strahlungsdosen und anerkannten restriktiven Regeln für den Strahlenschutz bahnte sich an. Auf dem ersten Internationalen Radiologenkongreß in London im Jahr 1925 wurde die *International Commission on Radiation Units and Measurement (ICRU)* ins Leben gerufen; Gründungsmitglied: Rolf Sievert. Wenige Jahre später bildete sich die *International Commission on Radiological Protection (ICRP)*; Chairman: Rolf Sievert. Das *Karolinska*

Institut in Stockholm berief ihn zum Direktor der Radiophysikalischen Abteilung und zum Professor für Strahlenphysik, der Schwedische König ernannte ihn zum Mitglied der Schwedischen Akademie der Wissenschaften. Eine neue Aufgabe wurde ihm während des Zweiten Weltkrieges übertragen: die Planung und Einrichtung eines Physikalischen Forschungsinstitutes für die Nationale Verteidigung.

Auch nach dem Zweiten Weltkrieg war Sieverts Erfahrung gefragt. Zunächst ging es um das Pro-

Rolf Sievert am Rednerpult (Karikatur, etwa 1960)

jekt eines »Geophysikalischen Forschungsinstitutes« sowie eines »Nationalen Institutes für Strahlenschutz«. Als die Großmächte in den fünfziger Jahren mit Kernwaffenversuchen begannen, ergriff Sievert als erster die Initiative zur Kontrolle des radioaktiven Fallout. Er plante und organisierte Freilandmessungen in allen Landesteilen, er war die treibende Kraft bei der internationalen Zusammenarbeit zur Festlegung von Grenzwerten. In der Wissenschaftlichen Kommission, welche die UNO für die Belange des Strahlenschutzes ins Leben rief, war Sievert führendes Mitglied und in den Jahren 1959–60 ihr Vorsitzender.

Rolf Sievert, der sich in der Jugend so schwer getan hatte, einen geregelten Arbeitsrhythmus, ein geeignetes Lebensziel zu finden, konnte sich im Alter vor Ehrenämtern, vor Arbeit und immer neuen Aufgaben kaum retten. Auf allen internationalen Kongressen war Sievert mit seiner imponierenden Körpergröße, der sonoren Stimme und der nie erlöschenden Zigarre so etwas wie ein weltbekanntes Markenzeichen der schwedischen Wissenschaft.

Orgelspiel, Kakteen und Schmetterlinge

Kann ein Manager, der in Dutzenden von Gremien aktiv mitarbeitet, dessen Terminkalender übervoll ist von Konferenzen und Kongressen, Vorträgen und Dienstreisen, kann ein solcher Mensch noch ein Privatleben haben? Sievert konnte es. Seine Mitarbeiter berichteten, er habe sich seiner Familie immer mit viel Liebe gewidmet. Aus zwei Ehen hatte Sievert sieben eigene Kinder; dazu kam noch ein finnisches Pflegekind, dessen Eltern im sowjetisch-finnischen Krieg umgekommen waren. Frau Astrid Sievert lebte mit den Kindern auf dem tausend Hektar großen Landgut Tvartorp (Østergötland), das Rolf Sievert mit dem Erlös aus dem Verkauf des väterlichen Unternehmens erworben hatte. Sievert selbst wohnte die meiste Zeit in Stockholm, wo er im Radiophysikalischen Institut eine Dienstwohnung hatte. Sooft es ging, fuhr er nach Tvartorp zu seiner Familie. Sein liebstes Hobby war die Hausmusik. Gerne spielte er die Orgel, bei deren Bau er selbst Hand angelegt hatte. Jedes Jahr lud er die Mitarbeiter und Pächter seines Gutes zu einem Orgelkonzert mit Werken von Bach und Buxtehude ein.

Eine weitere Liebhaberei war die Kakteenzucht. In eigens dafür eingerichteten Gewächshäusern wuchsen Kakteen in großer Zahl, die Sievert alle von seinen Reisen mitgebracht oder aus Samen gezogen hatte. Alle Pflanzen waren katalogisiert, ihre Blütezeiten registriert. In seinem letzten Lebensjahrzehnt fand er wieder mehr Zeit für unternehmerisches Handeln. Er konstruierte und baute ein eigenes Kraftwerk, mit dem er das Landgut mit Strom versorgen konnte. Ein andermal ließ er sich ein Sägewerk errichten, wo das Holz für die von ihm entworfenen, in Serie gefertigten Wochenendhäuser geschnitten wurde. Ein großes Geschäft war der Fertighausbau wohl nicht, ebensowenig die Glashütte, die er erworben und einige Jahre lang geleitet hatte. Dafür freute er sich bis ins hohe Alter an seiner Schmetterlingssammlung; sie füllte in seinem Landhaus viele Schränke. Der Schmetterlingsfang war ein Hobby, das er auch auf seinen Dienstreisen in aller Welt betreiben konnte. Manch ein Kollege wird zu Hause von dem originellen schwedischen Hünen erzählt haben, der am Abend im Hotelgarten mit dem Schmetterlingsnetz auf Jagd ging.

Letzte Ruhestätte unter der Orgel

Als Sievert sein 67. Lebensjahr vollendet hatte und die Pensionierung anstand, konnte er sich nicht vorstellen, daß das von ihm gegründete und geleitete Radiophysikalische Institut mit seinen 70 Angestellten auch ohne ihn weiter existieren könnte. Zu eng war er mit seinem Lebenswerk verbunden. Hier hatte er 25 Jahre lang als unanfechtbare Autorität geherrscht, hier hatte er oft bis weit nach Mitternacht gearbeitet. Für die Mitarbeiter war Sievert der weltweit bekannte, väterlich sorgende, ungewöhnlich kreative Chef, dem man seine Grillen, seine oft ungeduldige, impulsiv aufbrausende Art, sein Unverständnis für Angestellte, die ein Recht auf einen geregelten Achtstundentag zu haben glaubten, gerne nachsah. Noch einmal wurde sein Vertrag um zwei Jahre verlängert. Viel Zeit, um seinen Lebensabend zu genießen, blieb Sievert nicht mehr: Am 1. Dezember 1966 mußte er sich einer Magenoperation unterziehen, zwei Tage später starb er an einer Embolie. Seine Asche wurde in der Kapelle des Gutes Tvartorp beigesetzt, unterhalb der Orgel, auf der er in seiner Freizeit so gerne gespielt hatte.

Die radiologischen Maßeinheiten

Bis zur Einführung der neuen Maßeinheiten (1. 1. 1986) existierten auf dem Gebiet der Nuklearmedizin und Strahlenbiologie die »alt-eingesessenen« Einheiten Curie und Röntgen, außerdem Rad *(radiation absorbed dosis)* und Rem *(roentgen equivalent men)*. Aus grundsätzlichen Überlegungen mußten diese Maßeinheiten durch »kohärente« Einheiten ersetzt werden, d. h. durch solche Einheiten, die eine gemeinsame mathematisch-physikalische Basis haben.

Um die mit den erforderlichen Umstellungen zwangsläufig verbundenen Verwechslungen zu vermeiden, erhielten die neuen radiologischen SI-Einheiten auch neue Bezeichnungen. Sie heißen nun Becquerel, Gray und Sievert. Das führte erst recht zu Unsicherheiten. Vor allem an die neue Einheit Becquerel haben sich viele Techniker auch heute noch nicht gewöhnt. Sie hat zwar dieselbe Dimension wie die frühere Einheit Curie (Zerfallsakte pro Zeiteinheit), der Wert der alten Maßeinheit Curie war aber 37 Milliarden mal höher als die heutige Einheit Becquerel. In der öffentlichen Diskussion wurde der Wert der SI-Einheit Bq oft völlig überschätzt.

Übersicht: Größen und Einheiten der Radiologie

Fragestellung	Was wird gemessen?	Maß-einheit	Abkür-zung	ausgedrückt in SI-Einheiten
Wie stark radioaktiv ist eine Substanz?	Aktivität einer Strahlenquelle	Becquerel	Bq	1 / s
Wieviel von der ausge-sendeten Strahlung erreicht den Körper?	Äquivalentdosis der Strahlung	Sievert	Sv	J / kg
Wieviel Energie nimmt die bestrahlte Materie (z. B. der menschliche Körper) auf?	Energiedosis, spezifische Energie	Gray	Gy	J / kg

Zuckende Blitze im Madison Square Garden

Nikola Tesla (1856–1943), »Dichter der Elektrotechnik«

Nikola Tesla, serbischer Elektrotechniker
* 10. Juli 1856 in Smiljan (Kroatien)
† 7. Januar 1943 in New York (USA)

In den Anfangszeiten der Elektrotechnik wurde der Strom von Batterien geliefert. Man kannte damals nur den Gleichstrom. Er floß immer in einer Richtung, von einem Pol zum anderen.

Später setzte sich die Erkenntnis durch, daß es große Vorteile bringt, wenn der Strom seine Richtung in sehr schneller Abfolge umkehrt. Alle unsere Haushaltsgeräte, das Licht in den Wohnungen, die meisten Motoren in Handwerk und Industrie arbeiten heute nach diesem Prinzip, mit Wechselstrom.

Der Mann, der den ersten Wechselstrommotor konstruiert und das erste Wechselstromkraftwerk gebaut hat, war ein tragischer Held. Nikola Tesla gehört zu den großen Genies der Technikgeschichte, deren wacher Geist sich in der zweiten Lebenshälfte zunehmend verwirrte. Ein Beispiel dafür, daß Genie und Wahnsinn manchmal nahtlos ineinander übergehen.

Im kroatischen Dorf Smiljan, direkt an der ungarischen Grenze gelegen, kam Nikola Tesla im Sommer 1856 zur Welt. Der Vater, ein Priester serbischer Herkunft, war ein belesener Mann mit weitgespannten Interessen. Er beherrschte mehrere Fremdsprachen, schrieb

Gedichte, beschäftigte sich mit Philosophie und verfaßte Aufsätze über Tagesfragen. Teslas Mutter hatte nie eine Schule besucht und konnte weder lesen noch schreiben. Aber sie verfügte über ein ungewöhnlich gutes Gedächtnis: Ganze Kapitel aus der Bibel und viele Erzählungen aus dem serbischen Sagenschatz kannte sie vom Hörensagen auswendig.

Motor aus 16 Maikäfern

Der Sohn Nikola war ein Sorgenkind. Immer wieder passierten ihm ungewöhnliche Mißgeschicke. Einmal fiel er in einen Eimer mit heißer Milch, ein andermal wurde er vom Vater versehentlich in einer einsamen Bergkapelle eingeschlossen und mußte die ganze Nacht dort ausharren, bevor man ihn zu Hause vermißte. Vom Scheunendach aus versuchte er sich mit Hilfe eines Regenschirms in der Kunst des Vogelflugs, was ihm sechs Wochen strenge Bettruhe einbrachte. Schon in der Grundschule verblüffte er die Lehrer mit originellen Experimenten. Aus leeren Fadenrollen, Zahnstochern, Zwirn und Leim bastelte er einen »Maikäfermotor«, eine Art Karussell, das von 16 fliegenden Maikäfern angetrieben wurde.

Auf dem Gymnasium zeichnete sich der Junge vor allem in Mathematik aus. Er besaß die außergewöhnliche Gabe, auch die kompliziertesten Aufgaben in Algebra und Arithmetik im Kopf zu rechnen. Kaum hatte der Lehrer die Frage formuliert, hatte Nikola schon die Lösung parat. In der Freizeit verschlang er fast alle Bücher der Schulbibliothek. Offensichtlich hatte er das fabelhafte Gedächtnis seiner Mutter geerbt: Was er einmal gelesen hatte, vergaß er nie wieder. Am liebsten jedoch durchstreifte der Junge die heimatlichen Berge, wo er an den Bächen Stauwehre und Wasserräder baute und die Höhlen erforschte. Im Winter experimentierte er so lange mit Schneebällen, bis er die richtige Technik entwickelt hatte, um an Steilhängen große Lawinen auszulösen.

Versteck in den Bergen

Der junge Mann wollte Elektroingenieur werden. Bevor er zum Studium zugelassen werden konnte, sollte er einen dreijährigen Militärdienst ableisten. Doch das war nicht nach seinem Geschmack – Nikola versteckte sich in den kroatischen Bergen. Dort entwickelte er phantastische Ideen. Durch eine Röhre unter dem Atlantik wollte er in einem kugelförmigen Behälter die Post zwischen Amerika und Europa transportieren. Ein anderes Projekt seiner ausschweifenden Phantasie: Er stellte sich vor, daß es möglich sein müßte, rund um den Äquator einen in fünf Meter Höhe freischwebenden Stahlring zu montieren, der mit der Erdkugel mitläuft. »Irgendwie« sollte der Ring abgebremst werden, damit er relativ zur Erdumdrehung etwas langsamer rotiert. An dem Ring aufgehängte Lasten könnten auf diese Weise ohne Energieaufwand über den Atlantik transportiert werden.

Nach einem Jahr Waldeinsamkeit floh Tesla aus seinem Bergversteck nach Graz, um dort an der Technischen Hochschule sein Studium aufzunehmen. Bereits im zweiten Studienjahr bekam er Streit mit seinem Lehrer, Professor Pöschl. Während der Vorführung der neuentwickelten »Gramme-Maschine«, eines Gleichstromgenerators, der bei umgekehrter Polung auch als Dynamo verwendet werden konnte, sah Tesla, daß große Funken von den Bürsten sprangen. Um diese Energieverschwendung zu vermeiden, schlug der Student vor, den Motor nicht mit Gleichstrom zu betreiben. Man sollte es doch lieber mit einem »zuckenden« Strom versuchen, der seine Richtung mehrmals in der Sekunde periodisch wechselt. Das würde den Wirkungsgrad entscheidend verbessern. Der Professor war über den

Die SI-Einheit Tesla
Das Tesla ist die Einheit der magnetischen Flußdichte (Induktion).
Definition: 1 Tesla (T) ist gleich der Flächendichte des homogenen magnetischen Flusses 1 Weber (Wb), der die Fläche 1 m^2 senkrecht durchsetzt.

$$1\,T = 1\,Wb\,/\,m^2$$
$$= 1\,kg\,/\,A\,s^2$$

besserwisserischen Studenten erbost, er nannte diesen Vorschlag unsinnig und undurchführbar. Doch Tesla ließ sich von seiner Idee nicht abbringen. Der Streit war erst zu Ende, als der Student Graz verließ und an die Universität Prag wechselte.

Mit vier Cent in der Tasche nach New York

Immer deutlicher zeigte sich, daß Tesla ein »fotografisches« Gedächtnis besaß. Formeln, Tabellen und Konstruktionspläne, die er auch nur ein einziges Mal gesehen hatte, konnte er jederzeit von seinem inneren Auge abrufen, um mit ihnen zu arbeiten. Eines Tages hatte Tesla während eines Parkspaziergangs in Budapest, wo er nach Beendigung des Studiums die erste Telefonzentrale leitete, die Vision eines sich drehenden Magnetfeldes. Er wußte sofort: Dies war die Lösung für die Konstruktion eines mit Wechselstrom betriebenen Induktionsmotors. Leider besaß er kein Geld, um seine Idee in die Tat umzusetzen. So reiste der 26jährige Erfinder nach Paris, um seine Konstruktion der *Continental Edison Company* anzubieten. Diese Firma, das hatte er erfahren, stellte nach Patenten von Thomas Alva Edison (1847–1931) Dynamos, Motoren und Lampen her. In Paris zeigte man ihm zwar die kalte Schulter, bot ihm aber eine Stelle als Monteur an. Der Lohn war kärglich, gab ihm jedoch die Möglichkeit, in seiner Freizeit den Drehstrommotor selbst zu bauen. Trotz eindeutiger Vorteile zeigte niemand Interesse an einem solchen Motor. Tesla entschied sich, nach Amerika zu fahren, um mit dem berühmten Erfinder Edison persönlich zu sprechen.

Der 26jährige Tesla, kurz nach seiner Ankunft in New York (1882)

Auf der Fahrt nach Le Havre wurden ihm Gepäck und Bargeld gestohlen. Mit vier Cent in

New York 1882: Das erste E-Werk liefert den Gleichstrom für 6000 Edison-Glühlampen

der Tasche, einigen selbstverfaßten Gedichten und der Konstruktionszeichnung für eine Flugmaschine kam er in New York an. Am selben Tag noch meldete er sich bei Edison, dem Erfinder der elektrischen Glühlampe. Doch der lachte ihn nur aus: Er habe keine Lust, mit einem »zuckenden Strom« Zeit und Geld zu vergeuden. Enttäuscht versuchte Tesla, sich mit Gelegenheitsarbeiten über Wasser zu halten. Während er für den Tageslohn von zwei Dollar Kabelgräben aushub, erzählte er dem Vorarbeiter von seiner Erfindung. Dieser witterte seine Chance und schlug ihm vor, eine gemeinsame Firma zu gründen: die *Tesla Electric Company*. In einem Hinterhof richteten die beiden eine kleine Werkstatt ein, die von Hand gefertigten Wechselstrom-Motore fanden reißenden Absatz. Tesla meldete zahlreiche Patente an, hielt Vorträge, stellte Arbeiter ein. Mit dem eingenommenen Geld begann die *Tesla Company* – zum Ärger des Konkurrenten Edison – mit der Herstellung von Dreh- und Wechselstromgeneratoren im großen Stil.

Der elektrische Stuhl und die Gefahren des Wechselstroms

Im Gegensatz zum Gleichstrom erlaubte die Krafterzeugung durch Dreh- oder Wechselstrom eine Übertragung des hochgespannten Stroms über weite Entfernungen. So bestand erstmals die Möglichkeit, die Energieerzeugung vom Verbraucher abzukoppeln und dort anzusiedeln, wo sie am kostengünstigsten war: an Flüssen und Wasserfällen. Teslas Konkurrent Edison bekämpfte die Verbreitung des Wechselstroms mit allen Mitteln. Als der Staat New York den elektrischen Stuhl für die Hinrichtung der Todeskandidaten einführte, war Edison skrupellos genug, diese Tatsache als klaren Beweis für die Gefährlichkeit des Wechselstroms zu verwenden.

Edisons Gegenspieler, George Westinghouse, kaufte Tesla 1885 seine Patente für die »sagenhafte« Summe von 1 Million Dollar ab. Bald zeigte sich, daß die Patente ein Vielfaches dieser Summe wert gewesen wären: Die *Westinghouse Company* blühte auf und machte Millionengewinne. Als Tesla merkte, daß man ihn übers Ohr gehauen hatte, zog er sich schmollend in sein Laboratorium zurück, um weiteres Neuland zu entdecken. Unter den vielen Erfindungen, die er in den nächsten Jahren machte, waren auch die unter der Bezeichnung »Tesla-Spulen« bekanntgewordenen, kernlosen Hochfrequenz-Transformatoren. Sie ermöglichten letzten Endes die weltweite, drahtlose Nachrichtenübermittlung durch Radio und Fernsehen.

Der nach ihm benannte »Tesla-Transformator« erwies sich für den Transport von elektrischer Energie von größter Bedeutung. Mit Teslas Wechselstromgeneratoren wurde die Weltausstellung in Chicago 1893 mit Licht versorgt. Dieses spektakuläre Ereignis brachte Westinghouse einen Kontrakt zur Installation eines Wechselstrom-Kraftwerkes an den Niagarafällen ein und verhalf dem Dreh- und Wechselstrom schließlich zum Durchbruch.

Blitze und Flammenbänder

Um dieselbe Zeit entdeckte Tesla auch das eigentümliche Phänomen, daß sehr hochfrequente Wechselströme vom menschlichen Körper geleitet werden, ohne diesen zu schädigen. Tesla sah darin die Möglichkeit für ein neues Betätigungsfeld. Er beschloß, mit elektrischen Experimenten an die Öffentlichkeit zu treten, um auf diese Weise sein Arbeitsgebiet populär zu machen. Die Kalkulation ging auf, die Menschen drängten sich zu seinen Vorträgen. Sie waren begeistert, wenn im Vortragssaal des berühmten Madison Square Garden Blitze zuckten, Hochfrequenzfunken sprühten und aus Riesenspulen Flammenbänder aufstiegen. Der Höhepunkt seiner Vorführungen war erreicht, wenn der Erfinder eine Glühbirne in seiner Hand zum Aufleuchten und einen Kupferdraht zum Schmelzen brachte. Was die Leute nicht wußten: hochgespannte und hochfrequente Ströme sind für den Körper ungefährlich. Die spektakulären elektrotechnischen Vorführungen machten Tesla zu einer stadtbekannten Persönlichkeit. In New York war der zwei Meter große, schlanke, immer gut gekleidete Junggeselle bald eine anerkannte und beliebte Erscheinung. Die Zeitungen bezeichneten ihn wegen seiner immer wieder neuen, verblüffenden Experimente als »Dichter der Elektrotechnik«.

Sein Bekanntheitsgrad stand freilich im umgekehrten Verhältnis zu seinen Finanzen. Tesla besaß nie ein großes Vermögen, im Gegenteil, meist steckte er bis über beide Ohren in Schulden. Fällige Tantiemen einzutreiben war unter seiner Würde. Schriftliche Notizen über seine Außenstände machte er sich nicht, er verließ sich auf sein phänomenales Gedächtnis. Ständig sprach er von den vielen Millionen, die ihm die nächste, große Erfindung einbringen würde. Die Millionen kamen jedoch nie.

Immer utopischere Projekte

Teslas große Vision war ein System zur weltweiten, drahtlosen Übertragung von Energie. An den Niagarafällen wollte er eine mächtige Sendeanlage errichten, um die Weltausstellung in Paris über den Atlantik hinweg ohne Kabel mit Strom zu versorgen. Mit geborgtem Geld errichtete er in der Nähe von Colorado Springs eine Versuchsanlage, mit der es ihm tat-

Eine Sendeanlage auf Long Island sollte nach Teslas utopischer Vorstellung die halbe Welt mit Energie, Nachrichten und Börsenberichten versorgen. Die Anlage, 1903 erbaut, wurde aber nie fertig

sächlich gelang, drahtlos über eine Entfernung von 25 Meilen hinweg 200 Glühlampen zum Leuchten zu bringen. In derselben Anlage erzeugte er künstliche Gewitter mit Blitzen bis zu vierzig Meter Höhe und mit einem Donner, der kilometerweit zu hören war. Mit dem Bau einer zehnmal stärkeren Sendeanlage in Wardenclyff auf Long Island, mit der er nicht nur elektrische Energie, sondern auch Mitteilungen, Bilder, Wetter- und Börsenberichte in alle Welt übertragen wollte, hatte er seine Kräfte überschätzt. Die Anlage wurde nie fertig. Um seine Schulden bezahlen zu können, mußte er alle Patente verkaufen. Die finanzielle Misere schien beendet zu sein, als das Nobelpreiskomitee im Jahr 1912 beschloß, Tesla und Edison gemeinsam den Nobelpreis zu verleihen. Doch Tesla wies die hohe Auszeichnung entrüstet zurück: Zusammen mit seinem Todfeind Edison wollte er den Preis auf keinen Fall entgegennehmen.

In den letzten drei Jahrzehnten seines Lebens beschäftigte sich Tesla mit immer utopischeren Plänen. Er schlug vor, ein Kommunikationssystem mit anderen Planeten zu installieren und Kraftwerke zu bauen, mit denen man die Erde wie einen Apfel in zwei Hälften spalten konnte. Er zweifelte nicht daran, Todesstrahlen erzeugen zu können, die in der Lage wären, zehntausend Flugzeuge auf eine Entfernung von einigen hundert Kilometern zu zerstören. Ununterbrochen schrieb er Artikel für Fachzeitschriften. Sie wurden von den Redaktionen anfangs auch noch ungeprüft veröffentlicht; Teslas Name bürgte schließlich für die wissenschaftliche Reputation. Als die Ideen jedoch immer phantastischer und die Texte immer unleserlicher wurden, wanderten die Manuskripte in den Papierkorb.

Panische Angst vor Perlen, Fliegen und Tennisbällen

Langsam wurde es still um den in einem New Yorker Hotel lebenden großen Erfinder. Nur wenige Freunde hielten noch Kontakt zu ihm. Die Anzeichen geistiger Verwirrung machten sich immer stärker bemerkbar. Runde Gegenstände, Perlen, Tennisbälle oder Gebäudekuppeln jagten ihm entsetzliche Angst ein. Seine ganze Liebe gehörte nun den Tauben vor der St. Patrick's Cathedral, die er liebevoll mit Namen bedachte und täglich fütterte.

Eine von der jugoslawischen Regierung ausgesetzte Ehrenrente von 7200 Dollar im Jahr erlaubte ihm, täglich das Abendessen im »Waldorf-Astoria« einzunehmen. Bei der stets gleichen, feierlichen Zeremonie durfte ihm niemand Gesellschaft leisten. Aber wehe, wenn sich eine Fliege auf den Tisch setzte. Dann wurde ihm übel, denn auch vor Fliegen hatte er panische Angst. In diesem Fall mußte frisch gedeckt werden, und Tesla verlangte sogar, daß neue Speisen aufgetragen werden.

Am 7. Januar 1943 starb Tesla einsam in seinem Hotel. An den Niagarafällen erinnert ein Denkmal an den großen Erfinder, im Tesla-Museum in Belgrad werden seine Schriften und Konstruktionszeichnungen aufbewahrt. Mit der Wahl seines Namens als internationale Maßeinheit im SI-System fand das Lebenswerk des genialen, vom Glück verlassenen Ingenieurs eine späte Würdigung.

Auszug aus einem zeitgenössischen Zeitungsbericht

Es wird niemand geben, der nicht sofort die Kraft verspürt, die in Teslas Erscheinung liegt. Er ist sehr groß und sehr schlank, seine Hände sind breit, seine Daumen ungewöhnlich lang, ein Zeichen hoher Intelligenz. Sein Haar ist tiefschwarz. Er bürstet es streng von den Ohren zurück.

Seine Backenknochen sind hoch und vorstehend, das Merkmal der Slawen. Sein Kopf ist keilförmig, sein Kinn ist wie Marmor, seine Augen sind blau, tiefliegend und feurig. Die gleichen geisterhaften Blitze, die er in seinen Apparaten erzeugt, scheinen auch aus seinen Augen hervorzuschießen.

Wenn er spricht, hört man gerne zu. Man versteht nicht ganz, was er sagt, aber es nimmt einen gefangen. Er spricht das tadellose Englisch hochgebildeter Ausländer, ohne Akzent und sehr korrekt. Er beherrscht acht Sprachen …

Der erste Kraftwerksbetreiber

Alessandro Graf Volta (1745–1827) und die elektrische Batterie

Alessandro Volta, italienischer Physiker
* 18. Februar 1745 in Como
† 5. März 1827 in Como

Wann begann die Neuzeit? Im Jahr 1492, als Kolumbus Amerika entdeckte, sagen die Historiker. Für die Techniker beginnt die Neuzeit 300 Jahre später, nämlich 1792, mit der Erforschung der Elektrizität. Oder vielleicht auch mit dem Jahr 1800. Damals baute ein italienischer Adeliger »das wunderbarste Instrument, welches die Menschen jemals erfunden haben«. Gemeint ist die von Alessandro Volta erfundene »elektrische Säule«. Mit diesem kleinen Kunstwerk brach eine neue Epoche der technischen Wissenschaften an, Volta hatte ein *monumentum aere perennis* errichtet: das erste Elektrizitätswerk der Menschheitsgeschichte.

Zum 100. Jahrestag dieser Erfindung sagte der italienische Physiker Augusto Righi (1850–1920) in seinem Festvortrag: »Die sich der Menschheit durch die Volta-Säule erschlossene universelle Energie hat derart tiefgreifende Veränderungen in der Zivilisation bewirkt, daß sie vielleicht nur mit den durch den Gebrauch des Feuers in prähistorischer Zeit hervorgerufenen Veränderungen verglichen werden können.«

Alessandro Guiseppe Antonio Volta war das siebte Kind des lombardischen Edelmanns Filippo Volta und seiner Ehefrau Maria Maddalena Inzaghi. Von den neun Geschwistern starben drei schon im frühen Kindesalter. Auch sonst war die in Como beheimatete Familie Volta vom Glück nicht eben begünstigt. Obwohl aus dem italienischen Hochadel stammend, war sie alles andere als begütert. In der Familienkasse herrschte beständige Ebbe.

Fasziniert vom elektrischen Feuer

Der 15jährige Alessandro wurde von den Eltern zum Studium auf die städtische Jesuitenschule geschickt, er sollte die Juristenlaufbahn einschlagen. Doch Alessandros Sinn stand nicht nach Philosophie und Juristerei, er interessierte sich nur für die Wissenschaft der elektrischen Erscheinungen. Damit stand der intelligente Junge nicht allein; ganz Europa war zu jener Zeit fasziniert von den Wirkungen des »elektrischen Feuers«. Künstler und Scharlatane reisten von Jahrmarkt zu Jahrmarkt und bezauberten das Volk mit spektakulären Experimenten. Eine vielbelachte Attraktion ihres Programms war der »elektrische Kuß«. Eine attraktive Dame – sie war unsichtbar mit einer Elektrisiermaschine verbunden – bot auf offener Bühne einem jungen Mann aus dem Publikum ihren Mund zum Kuß an. Die schadenfrohen Zuschauer durften sich an dem Erschrecken des ahnungslosen Opfers ergötzen.

Die SI-Einheit Volt
Volt ist die Einheit der elektrischen Spannung oder elektrischen Potentialdifferenz.
Definition: Das Volt (V) ist die elektrische Spannung zwischen zwei Punkten eines homogenen, gleichmäßig temperierten metallischen Leiters, in dem bei einem zeitlich konstanten Strom der Stärke 1 Ampere (A) zwischen den beiden Punkten die Leistung 1 Watt (W) umgesetzt wird.

$$1\,V = 1\,W\,/\,A$$
$$= 1\,kg\,m^2\,/\,A\,s^3$$

Die Eltern richteten dem jungen Alessandro in einem alten Turm
ein physikalisches Labor ein. Zusammen mit seinem Freund Gattoni
konnte er dort nach Herzenslust mit elektrostatischen Funken und
zuckenden Froschschenkeln, mit Knallgold und chemisch erzeugten
Irrlichtern experimentieren. Kaum 18jährig erregte Volta erstmals
die Aufmerksamkeit der Fachwelt. In Briefen an bedeutende Wissenschaftler stellte er die neue und kühne Hypothese auf, das Wesen der
Elektrizität sei mit der von Newton entdeckten Schwerkraft zu vergleichen. Das war insofern eine erstaunliche Theorie, als die Anzie-
hung ungleich geladener Partikel damals überhaupt noch nicht bekannt war. Bei seinen Experimenten mit selbst gebauten Apparaten
legte der junge Adelige einen erstaunlichen Einfallsreichtum an den
Tag. Bald konnte er nachweisen, daß die bisher als völlig ver-
schiedenartig angesehenen Phänomene der Elektrizität – die durch
Reibung erzeugte und die bei Gewittern auftretende – auf eine gemeinsame Ursache zurückzuführen sind: auf die elektrische Potentialdifferenz.

Elektrizität aus dem Fuchsschwanz

Volta war 24 Jahre alt, als sein Erstlingswerk erschien: *Über die Anziehungskraft des elektrischen Feuers und die damit zusammenhän-
genden Erscheinungen.* Ein Jahr später erfand Volta eine Influenzmaschine zum Trennen von elektrischen Ladungen. Sie bestand aus
einem Zinnteller und dem »Harzkuchen«, einer zusammenge-
schmolzenen Masse aus Harz und Wachs. Durch Peitschen mit einem
Fuchsschwanz ließ sich der Apparat elektrisch aufladen. Einmal aufgeladen, konnte man ihm noch nach Monaten Funken entlocken.
Volta war deshalb überzeugt, in dem »elettroforo perpetuo« eine un-
erschöpfliche Energiequelle zu besitzen, eine Art »perpetuo mobile«.
Der Gouverneur der Lombardei, Graf Firmian, war von der Erfindung des unerschöpflichen Elektrophors hell begeistert und ver-
schaffte dem hoffnungsvollen Wissenschaftler den Posten eines Phy-
siklehrers an den Schulen seiner Heimatstadt Como.

Alessandro Volta war ein aufmerksamer Beobachter. Von scheinbar nebensächlichen Erscheinungen ließ er sich zu weiteren Forschungen anregen. Als er einmal mit seinen Freunden auf dem Lago

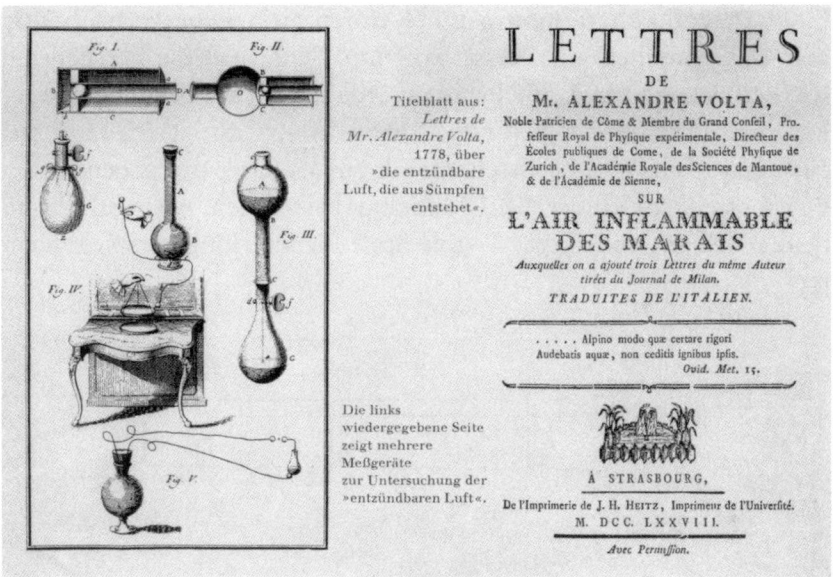

Die Veröffentlichung »sur l'air inflammable des marais« (1778)

Maggiore ruderte und einen Stock in den schlammigen Untergrund stieß, sah er Blasen aufsteigen. Volta vermutete sofort, es könnte sich bei der »sumpfgeborenen Luft« um ein unbekanntes Gas handeln. In leeren Weinflaschen fing er das Gas auf und entzündete es mit einer Kerze. Es brannte mit bläulicher Flamme. Monatelang beschäftigte sich Volta nun mit der »entflammbaren Luft der Sümpfe« (Methan). Bestand vielleicht ein Zusammenhang zwischen dem Sumpfgas und dem durch »schlechte Luft« – *mala aria* – hervorgerufenen Wechselfieber (Malaria), das damals in Italien grassierte und bereits zahllose Opfer gefordert hatte?

Knalleffekte in den Salons

In die leeren Weinflaschen legte er Kupferdrähte, verband diese mit der Influenzmaschine und erzeugte so eine Funkenstrecke. Mit dieser Vorrichtung, einem »Eudiometer«, konnte er die brennbaren Anteile eines Gasgemisches quantitativ bestimmen. Damit begründete Volta die Gasanalytik – und wurde ungewollt zum Erfinder eines Scherzartikels. Mit der »Pistola di Volta«, einer vereinfachten Form des

Eudiometers, konnte man nämlich durch elektrische Fernzündung
von Gasgemischen aus Wasserstoff und Sauerstoff die herrlichsten
Knalleffekte erzeugen. Die Pistola wurde schnell zur beliebten Salonunterhaltung in der feinen Gesellschaft. Alessandro Volta fand das
gar nicht lustig: »Es ist beschämend, daß es unter den sogenannten
Physikern echte Kinder gibt! Manchmal erröte ich, wenn ich daran
denke, daß ich mit meiner Pistole Stoff für ihre Jongleurspiele liefere.«

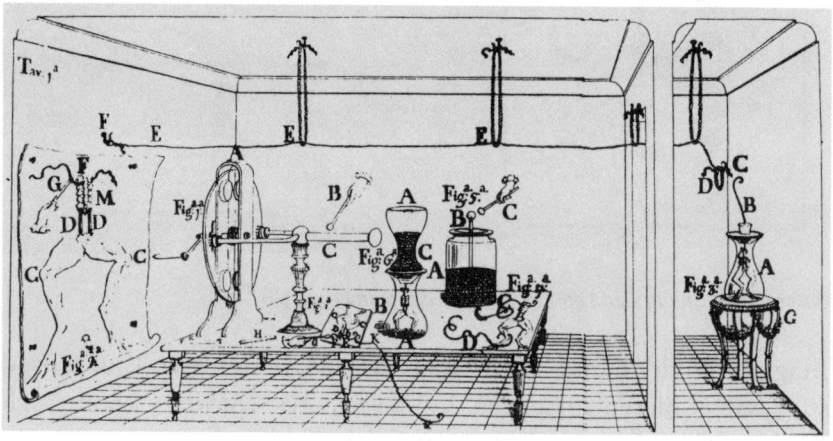

Voltas Meßausrüstung zur Untersuchung der »entzündbaren Luft«

Als 32jähriger unternahm Volta eine mehrmonatige Reise in die
Schweiz und nach Frankreich. Nach seiner Rückkehr erhielt er einen
Ruf an den Lehrstuhl für Experimentalphysik an der Universität Pavia, der führenden Hochschule in der Lombardei. Seine Vorlesungen
waren schon bald so überlaufen, daß man einen neuen Hörsaal bauen mußte. Aber auch in der experimentellen Forschung war Volta
höchst erfolgreich. Die Erfindung des Elektroskops und eines Plattenkondensators machte den jungen Forscher in ganz Europa berühmt.

Eine rege Reisetätigkeit führte ihn zu Experimentalvorträgen
durch halb Europa. In Genf besuchte er den achtzigjährigen Voltaire
(1694–1778), in Paris traf er Benjamin Franklin (1706–1790), den
amerikanischen Staatsmann und Erfinder des Blitzableiters. Dort bekam er auch die Gelegenheit, mit den großen französischen Chemikern Antoine Lavoisier (1743–1794) und Claude Louis Berthollet

(1748–1822) zu diskutieren. In Wien empfing ihn Kaiser Joseph II., in Berlin Friedrich der Große. Die Preußische Akademie ernannte Volta zum korrespondierenden Mitglied, die Universität von Pavia wählte ihn zum Rektor. Alessandro Volta stand auf dem Höhepunkt seines Ruhmes.

Späte Heirat

In diese Zeit fällt die Liaison des fast 50jährigen Volta mit der »Mademoiselle Paris«, einer gefeierten Sängerin. Doch die strenggläubige katholische Familie Volta – zwei Brüder von Alessandro waren Domherren! – wandte sich entschieden gegen diese Mesalliance mit einem »Theaterweib« und bedrängte ihn, die zwar häßliche, aber reiche und kluge Teresa Peregrini aus einer lombardischen Adelsfamilie zu heiraten. Volta beugte sich der Familienräson und brauchte das nicht zu bereuen: Die Ehe mit der zwanzig Jahre jüngeren Teresa wurde glücklich. Drei Söhne waren der Stolz des Vaters.

Nun begann die wissenschaftlich bedeutendste Periode in Voltas Leben. Er entdeckte das Gesetz der konstanten Wärmeausdehnung der Gase und formulierte drei Gesetze über den Dampfdruck. Berühmt wurde seine polemisch geführte Auseinandersetzung mit dem Bologneser Anatomieprofessor Luigi Galvani (1737–1798). Dieser hatte die wissenschaftliche Welt in Aufruhr versetzt, als er behauptete, die »tierische Elektrizität« entdeckt zu haben. Durch Reizung der motorischen Nerven brachte er vom Körper abgetrennte Froschschenkel zum wilden Zucken. Volta widersprach der von Galvani aufgestellten Theorie und postulierte: Nicht die Nerven besitzen eine elektrische Kraft, vielmehr herrscht zwischen den zum Sezieren verwendeten Metallhaken eine Spannungsdifferenz. Diese wird durch das Zucken der Nerven angezeigt. Jahrelang stritten die beiden großen Gelehrten erbittert, wessen Theorie stimmt. Der öffentlich geführte Disput war erst beendet, als Galvani starb und Volta aus politischen Gründen aus dem Staatsdienst entlassen wurde. Er galt als Anhänger des in Italien verhaßten Diktators Napoleon Bonaparte.

Die Zunge als Meßinstrument

Volta hatte nun endlich Zeit, sich intensiv mit einem neuen Arbeitsgebiet auseinanderzusetzen: mit der Potentialdifferenz der Metalle.
Da es noch kein Spannungsmeßgerät gab, benutzte er ein körpereige-
genes Hilfsmittel zur Bestimmung der »elektromotorischen Kraft«:
seine Zunge. Er verglich die Geschmacksempfindungen, die je zwei
verschiedene Metalle auf der feuchten Zunge auslösen. Dabei stellte
er einen abgestuften »Stromgeschmack« fest: angefangen von den
unedlen Metallen Zink, Zinn und Blei bis zu den Edelmetallen Platin, Gold und Silber ergab sich eine Art Metallstufenleiter, die
elektrochemische »Spannungsreihe«.

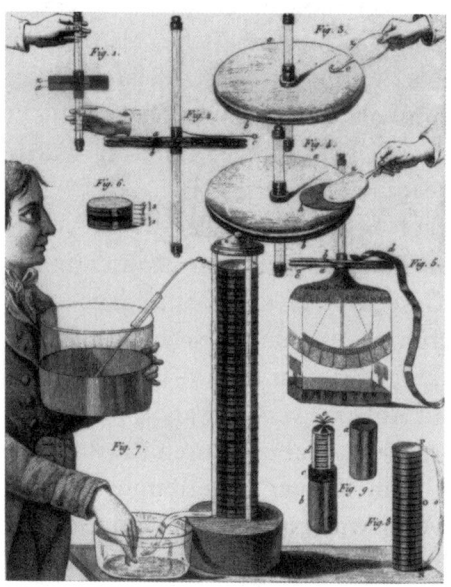

*Die Experimente, die Volta 1801 in Paris durch-
führte. In der Mitte eine elektrische Säule
(Batterie), rechts daneben das Elektroskop*

Am 20. März 1800 be-
schrieb Volta seine neueste,
zugleich bedeutendste Erfindung in einem Brief an die
Londoner *Royal Society:* die
»Voltaische Säule«. Wechsel-
weise übereinandergeschich-
tete Kupfer- und Zinkplat-
ten, die durch säuregetränkte
Tuchfetzen voneinander getrennt waren, bildeten eine
elektrische Batterie. Es war
die erste brauchbare Elektri-
zitätsquelle, die einen stetig
fließenden Strom abgab, ein
Elektrizitätswerk en minia-
ture.

Die Veröffentlichung sei-
nes Briefes verursachte in der
Fachwelt größtes Aufsehen.
General Napoleon Bonaparte, inzwischen Erster Konsul in Frankreich, lud ihn nach Paris ein, er sollte seine elektrischen Experimente
auch hier vorführen. Im Tuilerienpalast wurde Volta stürmisch gefeiert, Napoleon setzte ihn wieder in seine Professur ein und über-
reichte ihm eine Goldmedaille.

Voltas Vortrag am 7. November 1801 in Paris. Aufmerksame Zuhörer: Napoleon Bonaparte und die Mitglieder des französischen Nationalinstituts

Volta und die Baguette

Voltas Biographen schildern den Gelehrten als einen hochgewachsenen, immer freundlichen, leutseligen und sehr bescheidenen Menschen. Als Lehrer soll er von wunderbarer Klarheit gewesen sein, als Forscher ein scharfer Beobachter und glänzender Experimentator. Seine ländliche Herkunft konnte er freilich nie verleugnen: Mehrmals hat man in Paris beobachtet, daß er beim Bäcker eine große Baguette kaufte, um sie auf offener Straße sogleich mit sichtlichem Genuß zu verzehren.

Im Alter von 74 Jahren zog sich Volta auf sein Landgut in Camnago bei Como zurück, wo er acht Jahre später starb. Im *Tempio Voltiano* in Como werden seine Schriften, Zeichnungen und Geräte aufbewahrt, ebenso zahlreiche in lateinischer, französischer und italienischer Sprache verfaßte Gedichte.

70 Jahre nach seinem Tod wurde Alessandro Volta mit der höchsten Auszeichnung geehrt, die es für einen Wissenschaftler geben kann: Sein Name wurde in den Rang einer physikalischen Maßeinheit erhoben.

Napoleon und die Frühpensionierung

Im Alter von 60 Jahren wollte Volta auf dem Höhepunkt seines Erfolges abtreten. Als er gefragt wurde, warum er sich so früh schon zur Ruhe setzen wolle, sagte er: »Bei uns Wissenschaftlern ist es genauso wie auf einem Ball: Der Mensch soll nach Hause gehen, wenn es am schönsten ist.« Volta richtete an Napoleon ein Bittgesuch um Entlassung. Doch dieser, inzwischen auch Herrscher des Königreichs Italien, lehnte ab: »Ich kann mit seiner Pensionierung nicht einverstanden sein. Wenn ihn seine Amtspflichten als Professor ermüden, so soll man sie ihm kürzen. Er soll, wenn er will, auch nur eine einzige Vorlesung im Jahr halten. Aber die Universität Pavia wäre tödlich im Herzen getroffen an dem Tage, an dem ich erlauben würde, daß ein so berühmter Name aus ihrer Mitgliederliste verschwindet.« Zum Trost und als Zeichen seiner Hochachtung verlieh er ihm die Grafenwürde und ernannte ihn zum Senator.

Volta mußte wohl oder übel noch 14 Jahre lang im Amt bleiben. Erst 1819, nach Napoleons Sturz, durfte Alessandro Graf Volta vom Katheder Abschied nehmen, im Alter von 74 Jahren.

Der eiserne Engel

James Watt (1736–1819), Erfinder der Dampfmaschine

James Watt, englischer Ingenieur
* 19. Januar 1736 in Greenock/Strathclyde
† 19. August 1819 in Heathfield/Birmingham

Es gibt veraltete Maßeinheiten, die so beliebt sind, daß man sie nicht mehr missen möchte. Das Pfund und der Schoppen gehören dazu, das Zoll und die Kalorie. Und auch der gute alte Doppelzentner (100 kg) ist in manchem Bauernschädel zu tief verankert, als daß er sich kampflos durch das neue Gewichtsmaß »Dezitonne« ersetzen ließe. Wenn man einen Autofahrer fragt, wieviel PS sein Motor hat, wird er die Antwort sofort parat haben. Fragt man ihn jedoch nach der Anzahl KW, kratzt er sich hinter dem Ohr. Dabei ist das PS eine Abkürzung für das Wort »Pferdestärke«, und die Vorstellung, er müßte jeden Morgen 65 Pferde vor seinen fahrbaren Untersatz spannen, erscheint jedem Autofahrer doch reichlich absurd.

Wer war das, der die Zugkraft von Pferden mit der Leistung einer Maschine verglichen hat? Es war James Watt, ausgerechnet der Mann, dessen Name heute die Pferdestärke als Maßeinheit der Leistung verdrängt hat. In der Elektrotechnik sind die Maße Watt und Kilowatt aus dem heutigen Sprachgebrauch nicht mehr wegzudenken. Warum tut sich das Kilowatt beim Autobesitzer so schwer?

James Watt war das sechste von acht Kindern eines schottischen Zimmermanns und Schiffseigners, der in Greenock, einer kleinen Hafenstadt bei Glasgow, Handel mit nautischen Geräten betrieb. Weil James häufig krank war und oft unter Kopfschmerzen litt, konnten sich die Eltern nicht entschließen, den Jungen zur Schule zu schicken. Sie unterrichteten ihn zu Hause. Erst im Alter von 13 Jahren durfte James zeitweise die Lateinschule besuchen. Zunächst ließ er keine besondere Begabung erkennen. Sein Interesse am Lernen erwachte erst, als das Fach Mathematik auf dem Lehrplan stand. Die meiste Zeit verbrachte der Junge in der väterlichen Werkstatt und lernte dort, mit Drehbank und Schraubstock umzugehen und einfache Instrumente zu bauen. Sein handwerkliches Geschick fiel den Arbeitern auf: »Der Junge hat ein Vermögen in seinen Fingern!« Als man James fragte, welchen Beruf er ergreifen wolle, mußte er nicht lange überlegen: Mathematische Apparate wollte er konstruieren.

James Watt und seine Mutter betrachten nachdenklich den Dampf, der aus einem Wasserkessel aufsteigt (historisierende Darstellung in einem Buch über die Dampfmaschine)

Ausbildung zum Instrumentenmacher

Der Vater schickte ihn zu einem Feinmechaniker nach Glasgow, doch der ließ ihn nur alte Brillen reparieren. Das befriedigte den wißbegierigen jungen Mann in keiner Weise, er bat den Vater herzlich, ihn doch nach London zu schicken. Dort stehe, so habe er gehört, die Kunst der Feinmechanik in hoher Blüte. Nach langer Suche fand Vater Watt in der englischen Hauptstadt einen Instrumentenmacher, der den Sohn gegen geringen Lohn in seiner Werkstatt arbeiten ließ. Eine schwere Zeit für den Lehrling: Tag für Tag stand er von früh um sechs bis abends neun Uhr in der Werkstatt, der Verdienst von zehn Schilling in der Woche reichte kaum zum Leben. Zum Hunger gesellte sich das Heimweh.

Nach einem Jahr war der 19 Jahre alte James heilfroh, nach Hause zurückkehren zu dürfen. Im Gepäck hatte er einige feinmechanische Werkzeuge und das beste Buch jener Zeit über den Instrumentenbau.

Da Watt keine abgeschlossene Lehre nachweisen konnte, bekam er keine Genehmigung, sich als Feinmechaniker niederzulassen. Schließlich bot ihm die Universität von Glasgow eine Stelle als *mathematical instrument-maker* an. Als Angestellter der Universität mußte er nicht nur physikalische Apparate reparieren, er konnte auch seine Kenntnisse in Physik, Chemie und Mathematik erweitern. Mit einem der Professoren, dem Mathematiker und Wärmetheoretiker Joseph Black, führte er stundenlange Gespräche über Physik und die Dampfgesetze. Diese Gespräche waren für James Watt eine große Hilfe, sie lieferten ihm eine Art wissenschaftlichen Hintergrund.

Die SI-Einheit Watt
Das Watt ist die Einheit der Leistung, des Energie- und des Wärmestroms.
Definition: 1 Watt (W) ist die Leistung eines gleichmäßig ablaufenden Vorganges, bei dem in 1 Sekunde die Arbeit 1 Joule verrichtet wird.

$$1\,W = 1\,J\,/\,s$$
$$= 1\,kg\,m^2\,/\,s^3$$

Mit der Zeit wurde die Werkstatt des sympathischen Mechanikers zu einem beliebten Treffpunkt für Professoren und Studenten. Das war das Milieu, in dem sich James wohl fühlte. Er konnte mit seinen Auftraggebern die Konstruktion der physikalischen Instrumente besprechen und eifrig über Politik und Wissenschaft diskutieren.

Auch im privaten Bereich ging es nun aufwärts. Zusammen mit einem Freund betrieb er in der Stadt einen Laden für Verkauf und Reparatur von optischen Geräten und Musikinstrumenten. Endlich reichte der Verdienst aus, um an die Gründung einer Familie denken zu können. Im Alter von 28 Jahren heiratete James seine Cousine Margret Miller. Im Verlauf einer leider nur neun Jahre dauernden Ehe schenkte sie ihm fünf Kinder.

Schlaflose Nächte wegen eines Unterrichtsmodells

James Watt wird häufig als Erfinder der Dampfmaschine angesehen. Das ist ein Irrtum: Er hat die Dampfmaschine nicht erfunden, aber er hat sie so verbessert, daß sie in der Praxis eingesetzt werden konnte. Bereits 70 Jahre vor Watt hatte der französische Naturforscher Denis Papin (1647–ca. 1714), der übrigens auch den Dampfkochtopf erfunden hat, eine dampfbetriebene Kraftmaschine konstruiert. Sein Pech: er brachte die Maschine nicht zum Laufen. Im Jahr 1712 baute der englische Schmied Thomas Newcomen (1663–1729) eine »atmosphärische Dampfmaschine« mit gesondertem Dampfkessel. Sie funktionierte, doch ihr Kohleverbrauch war enorm. Spötter meinten, um ein Kohlebergwerk mit dieser Feuerkraftmaschine zu entwässern, brauche man ein zweites Bergwerk, um mit ihrer Kohle die Dampfmaschine zu beheizen.

Im Jahr 1763 landete ein Unterrichtsmodell der Newcomenschen Maschine zur Reparatur in James Watts Werkstatt. Die Instandsetzung war für den geschickten Mechaniker kein Problem. Watt erkannte sofort, warum die Maschine einen so geringen Wirkungsgrad hatte: Viel zuviel Dampf ging nutzlos verloren.

Jahrelang beschäftigte sich der Instrumentenmacher nun mit der Frage, wie eine Dampfmaschine mit besserem Wirkungsgrad konstruiert sein müßte. Tagelang grübelte er in seiner Werkstatt über dieser Aufgabe. Die Mängel der Newcomenschen Konstruktion ließen

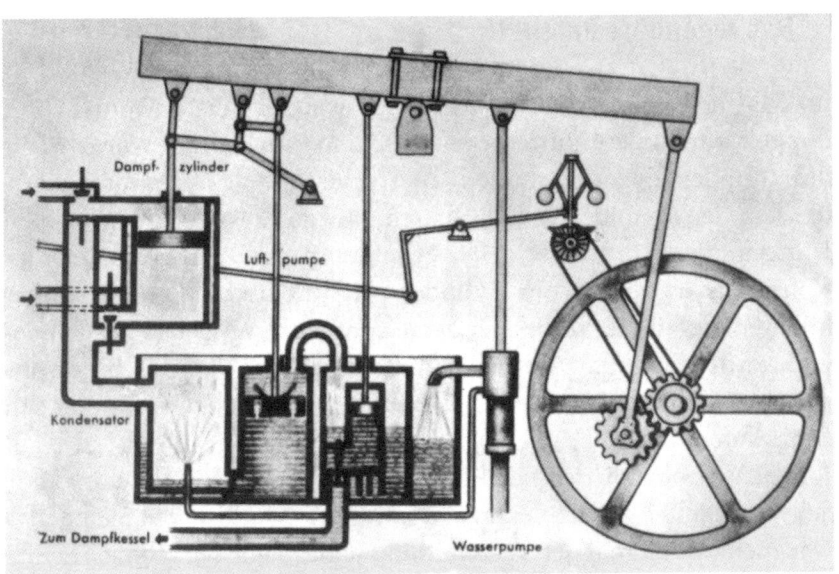

Die doppelt wirkende Niederdruck-Dampfmaschine von James Watt (Zeichnung aus dem Jahr 1788)

ihn auch in schlaflosen Nächten nicht los. »Alle meine Gedanken kreisen um diese Feuermaschine. Ich denke an nichts anderes mehr«, schrieb er an einen Freund. James Watt verbohrte sich so sehr in diese Aufgabe, daß er seine Aufgaben vernachlässigte und die Stelle als Universitätsmechaniker verlor. Um seinen Lebensunterhalt zu verdienen, mußte er sich eine Zeitlang mit Vermessungsarbeiten durchschlagen.

Während eines sonntäglichen Spaziergangs in Glasgow Green, »halbwegs zwischen Hirts Haus und Arns Brunnen«, wie er sich später erinnerte, fand er blitzartig die Lösung des Problems. Das ständige Abkühlen und Kondensieren des Dampfes und das anschließende Wiederaufheizen war die Ursache für den geringen Wirkungsgrad. »Ich sagte mir«, erinnerte sich Watt später, »daß ich – in einem getrennten Gefäß – nur einen luftverdünnten Raum herzustellen brauchte. Wenn ich dann eine Verbindung zum Zylinder schaffe, würde der heiße Dampf in das luftleere Gefäß stürzen und dort kondensieren, ohne den Zylinder abzukühlen. Eine solche Maschine müßte viel besser arbeiten.« Das getrennte Gefäß, in dem sich der Dampf zu Wasser verwandelt, war der »Kondensator«.

Das legendäre Patent Nr. 913

Im Mai des Jahres 1765 baute James Watt das erste Modell einer doppelt wirkenden Niederdruckmaschine. Der Dampf wurde nicht direkt in den Zylinder, sondern zuerst durch seine Umhüllung geleitet. Um den Zylinder heiß zu halten, wurde er isoliert. Der Kolben war zusätzlich mit einer gefetteten Hanfpackung abgedichtet, der Kondensator wurde vom Zylinder getrennt und außerdem luftgekühlt. Durch diese Verbesserungen konnten drei Viertel des Kohleverbrauchs eingespart werden. Theoretisch hätte die Maschine optimal funktionieren müssen. Leider nur theoretisch. Die Praxis sah ganz anders aus.

James Watt, nach der Schilderung eines Freundes ohnehin »vor Schwierigkeiten leicht verzagend und zur Mutlosigkeit neigend«, war mehr als einmal der Verzweiflung nahe. Seine Maschine brachte einfach nicht die Leistung, die sie eigentlich hätte bringen müssen, und er wußte nicht, warum. Gerade in dieser Zeit wurde James ständig von unerträglichen Kopfschmerzen gepeinigt. Hätte seine Frau ihn nicht ermutigt, ja nicht aufzugeben, sondern weiterzumachen, seine Dampfmaschine wäre wohl nie zum Laufen gekommen. Mit Unterstützung des Arztes und Fabrikbesitzers Dr. John Roebuck konnte Watt eine größere Versuchsmaschine bauen und an ihr die wesentlichen Fehlerquellen ausschalten. Sein Geschäftspartner drängte ihn nun, die Konstruktion durch ein Patent schützen zu lassen. James Watt setzte sich hin und schrieb: »Allen denjenigen, welchen dieses Schriftstück zu Gesicht gelangt, sende ich, James Watt, aus Glasgow in Schottland, meinen Gruß ...«. Mit diesem englischen Patent Nr. 913 begann das Industriezeitalter.

Doch bis zur Produktionsreife der Dampfmaschine war noch ein weiter, steiniger Weg. Immer neue technische Probleme traten auf. Die Techniker waren noch nicht in der Lage, Zylinder und Kolben mit der nötigen Präzision herzustellen. Paßten die Teile nicht exakt, konnte der Dampf ungenutzt entweichen. »Ich bin jetzt fünfunddreißig Jahre alt«, schrieb Watt im Jahr 1771 an seinen Lehrer Black, »und habe der Welt noch nicht für fünfunddreißig Cents genützt. Ich habe Weib und Kind; meine Haare beginnen zu ergrauen, und ich habe nichts getan, um für sie zu sorgen.« Er verfluchte seine Erfinderleidenschaft: »Es gibt nichts Törichteres im Leben als Erfinden!«

Der richtige Partner zur rechten Zeit

Private Schicksalsschläge trafen James Watt sehr hart: Bei der Geburt des fünften Kindes starb seine Frau. Watts Gönner, der Fabrikbesitzer Roebuck, geriet in wirtschaftliche Schwierigkeiten und konnte ihn nicht mehr finanziell unterstützen. Watt wollte schon aufgeben, doch im rechten Augenblick lernte er den richtigen Mann kennen:

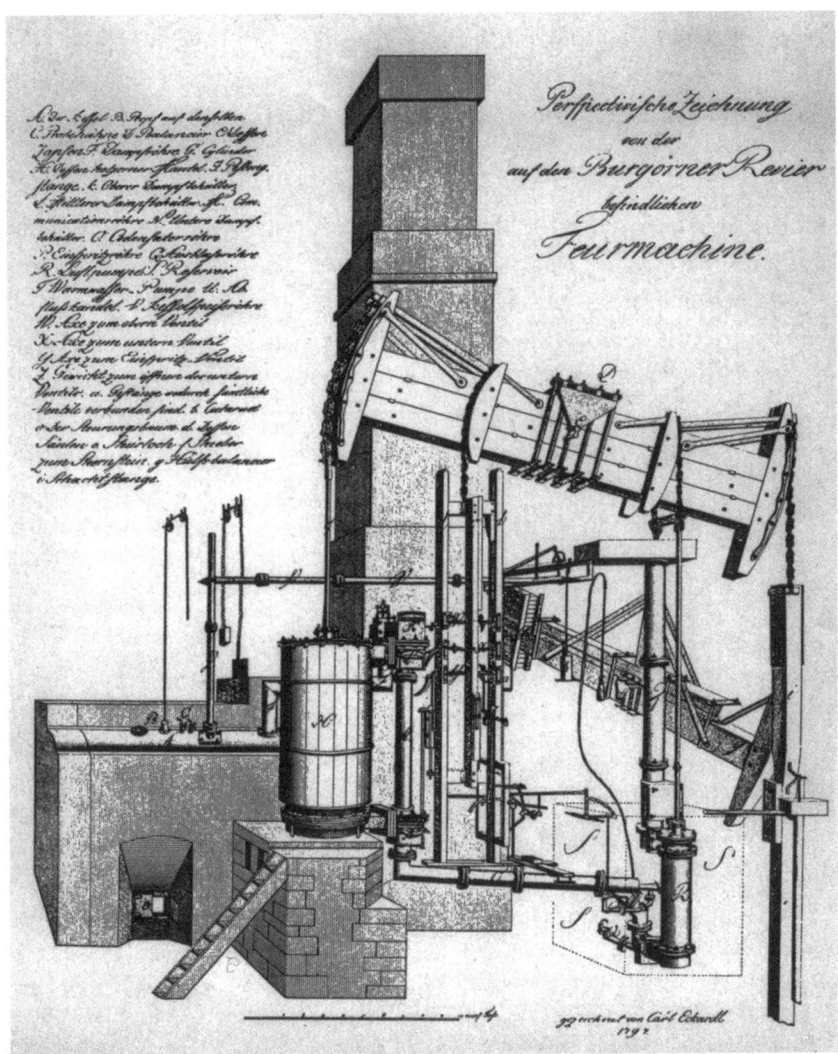

Die erste, 1785 in Deutschland aufgestellte Dampfmaschine (oder Feuermaschine, wie man damals sagte)

Matthew Boulton, ein hervorragender Techniker und erfolgreicher
Metallwarenfabrikant, hatte den Weitblick, zu erkennen, daß für die
weitere Entwicklung der industriellen Technik eine wirksame und ra-
tionell arbeitende Antriebsmaschine von unschätzbarem Nutzen sein
würde. Man gründete in Soho bei Birmingham die gemeinsame Firma »Boulton & Watt, die erste Dampfmaschinenfabrik der Welt«.
Sie nahm im Jahr 1776 die Produktion auf und hatte sofort einen
Riesenerfolg. Die erste Maschine wurde an eine Kohlegrube geliefert,
die nächste war eine Gebläsemaschine für eine Eisenhütte, die We-
bereien in Manchester waren auf die neue Dampfkraft ganz verses-
sen, Stahlhersteller ebenso wie Druckereien sahen eine Chance, die
schwere Handarbeit durch Maschinenkraft abzulösen. Aus Frankreich, Deutschland und Amerika strömten die Ingenieure nach Soho,
um die geheimnisvolle, epochemachende Maschine zu besichtigen –
und nach Möglichkeit daheim zu kopieren.

Nach drei Jahren waren bereits vierzig Dampfmaschinen ausge-
liefert, und die Firma Boulton & Watt machte gute Gewinne. Man
verkaufte die Maschinen nicht etwa nach einem Listenpreis, sondern
gegen eine Vergütung, die einem Drittel der eingesparten Brennstoff-
kosten entsprach. Das waren fünf englische Pfund pro »Pferdestärke«.

Wie kam James Watt auf die »Pferdestärke«, was hat die Dampf-

*Die Dampfmaschine fand zuerst im Bergbau Verwendung, zur Entwässerung der tiefen
Schachtsohle*

Dampfmaschinenraum einer französischen Papierfabrik (1860)

maschine mit Pferden zu tun? In den Kohlebergwerken sickert immer Wasser ein. Früher benötigte man in jedem Bergwerk untertage bis zu 500 Grubenpferde, die das Grubenwasser aus den Flözen nach oben pumpten. Um für die Berechnung des Verkaufspreises eine Basis zu haben, wollte James Watt im Jahr 1783 genau wissen, wieviel Pferde durch eine Dampfmaschine ersetzt werden können. So ließ er ein Pferd einspannen, das im Galopp eine im Schacht aufgehängte Last von 75 kg nach oben ziehen mußte. Das Pferd schaffte genau 60 m in der Minute oder 1 m pro Sekunde. Umgerechnet leistete ein Pferd also 75 Sekundenmeterkilogramm. James Watt verwendete dafür die Bezeichnung *horsepower,* zu deutsch Pferdekraft oder Pferdestärke.

Dampf ersetzt Muskelkraft

Zum erstenmal in seinem Leben kam Watt zu bescheidenem Wohlstand. Er konnte sich ein eigenes Haus bauen. Gerne hätte er sich nun vom Geschäft zurückgezogen, um von den Einnahmen seiner Patente zu leben. Doch Matthew Boulton brauchte seinen genialen Partner, der nicht müde wurde, immer neue Ideen zu verwirklichen: ein »Sonnen- und Planetengetriebe«, das die Hin- und Herbewegung des

Kolbens in eine Drehbewegung umwandelte, ferner einen Mechanismus zur Geradführung der Kolbenstange – das »Wattsche Parallelogramm« – und vor allem den Fliehkraftregler zur Drehzahlregulierung. In den nächsten 25 Jahren wurden mehr als 500 Dampfmaschinen gebaut, mit einer Gesamtleistung von 7500 PS. Kein Gebiet der Technik blieb von der Erfindung des »eisernen Engels« unberührt, der Bergbau und die Druckereien, die mechanischen Webstühle und die Getreidemühlen, alle stellten nun auf Dampfkraft um. Sogar das erste dampfbetriebene »Automobil« wurde auf den Londoner Straßen gesichtet. Um das Jahr 1810 arbeiteten mehr Menschen in Fabriken, Werkstätten und im Handel als in der Landwirtschaft. Die industrielle Revolution war in vollem Gange.

Im Alter von 64 Jahren konnte sich Watt einen langgehegten Wunsch erfüllen. Er übergab die Leitung der Fabrik seinem Sohn James jr. und zog sich mit seiner zweiten Frau auf das Landgut zurück, um seinen Neigungen zu frönen. Und das hieß: weiterhin schöpferisch tätig zu sein. Auf der langen Liste seiner späten Erfindungen steht ein Apparat zum perspektivischen Zeichnen, ein Vermessungsquadrant und die Mikrometerschraube, eine Kopierpresse zur Vervielfältigung von Schriftstücken mit Hilfe von Kopiertinte, ein Instrument zur Messung des spezifischen Gewichtes von Flüssigkeiten und auch noch eine sinnreiche Vorrichtung, mit der man Statuen und Medaillen kopieren oder beliebig verkleinern und vergrößern konnte. In James Watts Haus wurde die allererste Dampfheizung in der Geschichte der Haustechnik installiert.

Lebensabend in körperlicher Frische

Schon zu Lebzeiten fehlte es nicht an Ehrungen. 1785 wählte die Londoner Akademie ihn, den Nichtstudierten, zu ihrem Mitglied – eine seltene Würdigung. Die Universität Glasgow, an der er einst als Mechaniker gearbeitet hatte, verlieh ihm die Ehrendoktorwürde. Die französische Regierung lud ihn nach Paris ein, um ihn als Mitglied in die *Academie française* aufzunehmen. Als der König von England ihm auch noch die Würde eines *Baronet* anbot, lehnte er dankend ab. Er, der schlichte Handwerker, Sohn eines Zimmermanns, würde sich in der Rolle eines Adligen nie wohl fühlen.

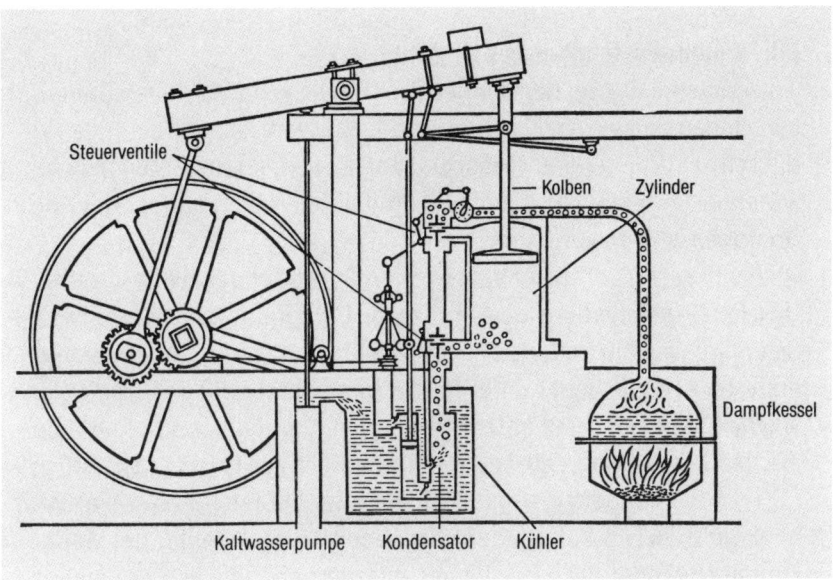

James Watts Dampfmaschine

Watt, der seit seiner Jugend immer kränklich war, durfte seinen Lebensabend in geistiger und körperlicher Frische verbringen. Er starb im Alter von 83 Jahren, am 19. August des Jahres 1819. Eine Woche später lief das erste mit Dampfmaschine und Schaufelrad ausgestattete Segelschiff, die »Savannah«, zur Atlantiküberquerung aus und eröffnete damit den transatlantischen Dampfschiffverkehr. Auch die wohl wichtigste Anwendung der Dampfkraft durfte der Erfinder nicht mehr erleben: Am 27. September 1825 wurde auf der 39 km langen Strecke zwischen Stockton und Darlington die erste Dampfeisenbahnlinie für den Personenverkehr eröffnet. Von hier aus begann der Siegeszug der Eisenbahn rund um den Globus.

Die technische Wissenschaft trauerte um einen begnadeten Erfinder. In der Westminster Abbey in London steht das Denkmal von James Watt in der Reihe der Großen der englischen Nation. Daß heute die Maßeinheit »Pferdestärke« durch eine physikalisch definierte Einheit ersetzt ist, die den Namen »Watt« in die Haushalte, in alle Fabriken und Elektrizitätswerke der Welt trägt, ist eine hochverdiente posthume Ehrung des bescheidenen schottischen Instrumentenmachers.

Ein lärmendes, fauchendes Ungetüm

Als zu Beginn des 19. Jahrhunderts in Deutschland die ersten Dampfmaschinen auftauchten, wurden sie keineswegs immer als Hilfe für
die schwer arbeitenden Menschen angesehen. Im Gegenteil: Es gab
wütende Proteste, vor allem wegen des höllischen Lärms, den die
Dampfmaschinen verursachten.

Als 1824 J. F. Cotta, der Verleger von Goethe und Schiller, in seiner
Druckerei in Augsburg eine mit einer Dampfmaschine betriebene
Schnellpresse aufstellen ließ, gab es einen Aufstand. Der Redakteur
erklärte, er wolle lieber unter freiem Himmel schreiben als mit einer
solchen Lärmmaschine unter einem Dach. Der Hausknecht kündigte
mit der Begründung, sein Leben sei ihm wichtiger. Er habe schließlich
für Frau und Kinder zu sorgen. Die Arbeiter haßten »diesen Maschi-
nenkoloß, diesen Aalarbeiter, der weder ißt noch trinkt, der weder
Frau noch Kinder hat, der niemals auszuruhen braucht, der niemals
krank ist«, und ein französischer Schriftsteller schrieb: »Der Dampf
ist eine mächtige, böse Fee, ein boshafter und neidiger Kobold, der
dem Menschen nur gehorcht, um ihn unglücklich zu machen und ins
Verderben zu stürzen.«

Mikkelmann kömmt

Wilhelm Eduard Weber (1804–1891), der erste Telegraphist

Wilhelm Eduard Weber, deutscher Physiker
* 24. Oktober 1804 in Wittenberg
† 23. Juni 1891 in Göttingen

Was das Informationsangebot angeht, so leben wir heute in einem Schlaraffenland. Rund um die Uhr werden wir mit Neuigkeiten aus aller Welt überschwemmt, über Satellit und Glasfaserkabel kommen bewegte Bilder frei Haus, das Internet verbindet Länder und Kontinente, Briefe rasen per Fax und E-Mails mit Lichtgeschwindigkeit um den Globus.

Das war nicht immer so. Vor dreihundert Jahren waren die Menschen mit Nachrichten noch chronisch unterversorgt. Was in der Welt passierte, das erfuhr man erst Tage oder Wochen später, dazu meist bruchstückhaft oder entstellt, kundgemacht durch Postillione, Fahrensleute, reitende Kuriere, Wanderprediger. Ein Brief von Kiel nach Konstanz brauchte zwei Wochen, per Schiff nach Amerika zwei Monate.

Erst ein gewisser Herr Weber machte es möglich, Nachrichten blitzschnell über große Entfernungen zu transportieren. Er war der erste Telegraphist der Geschichte, das erste Telegramm bestand aus zwei Worten: »Mikkelmann kömmt.« Wer war Wilhelm Weber, und wie kam Herr Mikkelmann zu seiner historischen Rolle?

Wilhelm Weber wurde in Wittenberg geboren. Der Vater, ein stimm-
gewaltiger Vesperprediger, war zu jener Zeit Rektor Magnificus der
Universität. Seine zarte, feinfühlende Frau Christiane schenkte ihm
im Laufe der 20jährigen, glücklichen Ehe zwölf Kinder; sieben davon
starben schon im Kindesalter. In den Wirren der Napoleonischen
Kriege verlor die Familie ihr Haus und einen Großteil des Vermögens. Die kinderreiche Familie mußte mit einer viel zu kleinen Miet-
wohnung im Dachgeschoß des Gasthofes »Zur Goldenen Kugel«
vorliebnehmen. Im Jahr 1813, Wilhelm war gerade neun Jahre alt,
rückten preußische Truppen vor die Stadt und beschossen die Fe-
stung, in der sich französische Soldaten verschanzt hatten. Bei den
Kampfhandlungen ging die »Goldene Kugel« in Flammen auf. Die
Familie Weber verlor ein weiteres Mal Hab und Gut und floh nach
Halle. An der dortigen Universität erhielt Vater Weber eine Professur.

Der Sohn Wilhelm ging im »Pädagogium« zur Schule und studierte Philosophie an der Universität Halle. Nebenher beschäftigte er
sich mit physikalischen Problemen. Die Anregung dazu bekam er
von dem Akustiker Ernst Chladni (1756–1827), einem Freund der

Familie. Chladni war Vio-
linspieler und hatte ent-
deckt, wie Schallschwin-
gungen sichtbar gemacht
werden können. Auf einer
mit Quarzsand bestreu-
ten Glasplatte bilden sich
scharfe, regelmäßige, oft
symmetrische Figuren und
Knoten, wenn die Glas-
kante mit dem Violinbo-
gen angestrichen wird.
Wilhelm hatte Spaß an
den »Chladnischen Klang-
figuren«. Gemeinsam mit
seinem zehn Jahre älteren
Bruder Ernst versuchte er
weitere Wellenfiguren zu
erzeugen.

Ernst Florens Chladni, Begründer der experimen-
tellen Akustik, zeigt vor interessiertem Publikum
seine Klangfiguren

Ein Seil über die Saale gespannt

Bei der Reinigung von Quecksilber machten die beiden Brüder eine interessante Beobachtung: Wenn das flüssige Metall in eine Flasche tropft, entstehen an der Oberfläche des Quecksilbers regelmäßige geometrische Figuren, sogenannte »stehende Wellen«. Nun spannten die Brüder ein 60 Meter langes Seil über die Saale, um die Periodizität von Schwingungen zu studieren. Auch hier gab es manchmal stehende Wellen. An einem schmalen, langen Wassertrog aus Glas und Holz konnten sie die Strukturen der Wasserwellen untersuchen. Langsam schälte sich eine allgemein gültige Theorie der Seil-, Schall- und Wasserwellen heraus. Sie schrieben darüber ein wissenschaftliches Werk mit dem Titel: *Wellenlehre, auf Experimente gegründet, oder über die Wellen tropfbarer Flüssigkeiten.*

Im Alter von 21 Jahren promovierte Wilhelm über Orgelpfeifen, mit 22 reichte er seine Habilitationsschrift ein. Wilhelm Weber war 27 Jahre alt, als er zum ordentlichen Professor der Physik ernannt wurde. Der berühmte Naturforscher Alexander von Humboldt (1769–1859), der auf einer Tagung auf den jungen, intelligenten Wissenschaftler aufmerksam geworden war, sorgte dafür, daß Weber auf den Lehrstuhl für Physik an der Universität Göttingen berufen wurde. Dort lehrte zu jener Zeit auch Carl Friedrich Gauß (1777–1855), einer der größten Mathematiker aller Zeiten. Ungeachtet des Altersunterschieds entwickelte sich zwischen den beiden Wissenschaftlern eine enge Freundschaft. Gemeinsam erforschten sie den Erdmagnetismus und gründeten den »Göttinger Magnetischen Verein«. Der hatte sich zur Aufgabe gemacht, durch die Einrichtung eines weltumspannenden Netzes von Beobachtungsstationen die erdmagnetischen Erscheinungen Deklination, Inklination

Wilhelm Weber und sein Freund, der Mathematiker Carl Friedrich Gauß (1777–1855)

und Horizontalintensität zu vermessen. Dazu benötigte man sehr empfindliche Meßinstrumente. Sie sollten sich wenige Jahre später auf einem ganz anderen Gebiet bewähren.

Kupferleitungen über den Dächern von Göttingen

In der Freizeit beschäftigte sich Weber mit ungeklärten Fragen der Elektrizität. Er wollte prüfen, ob die wenige Jahre zuvor von Georg Simon Ohm gefundene Proportionalität zwischen Stromstärke und Spannung bei konstantem Widerstand (Ohmsches Gesetz) auch über größere Entfernungen gilt. Dafür verlegte Weber eine 2,7 km lange Doppelleitung von seinem Arbeitsplatz, dem »Physikalischen Kabinett« der Universität, über die Dächer und Türme der Stadt zur Sternwarte, dem Arbeitsplatz von Carl Friedrich Gauß. Die Leitungen bestanden aus blankem Kupferdraht. Isolierte Kupferdrähte wa-

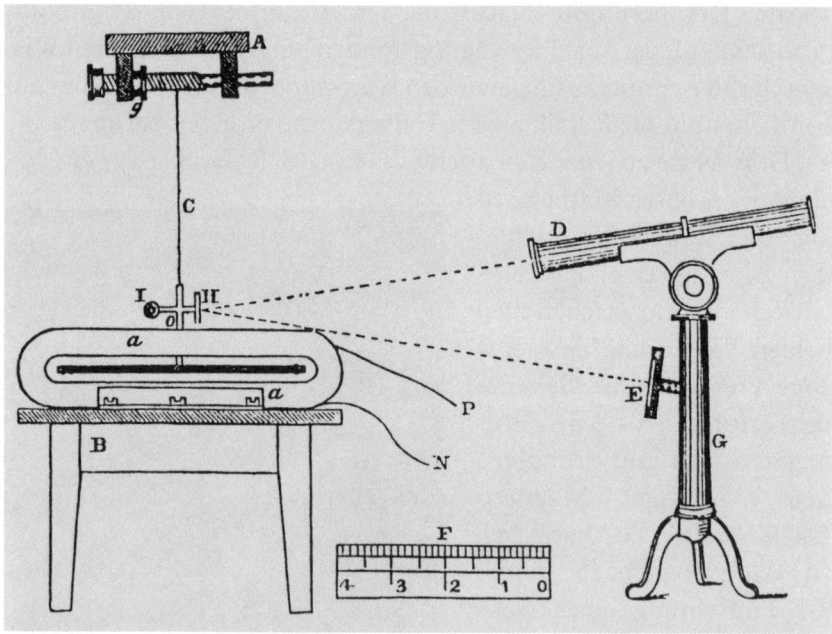

Der »Original Gauß-Weber-Telegraph« (Empfangsapparat). Bei jedem Stromstoß bewegt sich der an einem Draht aufgehängte Magnetstab (a). Die Bewegung überträgt sich auf den Spiegel (H), in dem sich eine Skala (E) spiegelt. Am Fernrohr (D) wird der Ausschlag abgelesen

Die SI-Einheit Weber

Das Weber ist die Einheit des magnetischen Flusses.

Definition: 1 Weber (Wb) ist der magnetische Fluß, der in einer ihn umschlingenden Windung die elektrische Spannung 1 Volt (V) induziert, wenn er in 1 Sekunde gleichmäßig auf Null abnimmt.

$$1\,Wb = 1\,V\,s\;(Voltsekunde)$$
$$= 1\,kg\,m^2\,/\,A\,s^2$$
$$= 1\,T\,m^2$$

ren damals noch unbekannt, an Elektrolyt-Kupfer und Isolatoren war noch nicht zu denken.

Um die Ergebnisse der wissenschaftlichen Messungen schneller austauschen zu können und nicht immer auf Boten angewiesen zu sein, beschlossen Gauß und Weber, diese Versuchsanordnung auch zur Informationsübermittlung zu verwenden. Es war Webers Idee, eine elektromagnetische Spule als Signalgeber und das ursprünglich für die erdmagnetischen Messungen gebaute Spiegelgalvanometer als Empfänger zu nutzen. Jeder ankommende Stromstoß löste am Empfangsapparat eine Bewegung des freischwingenden Magnetstabs aus, der am Stab befestigte Spiegel bewegte sich nach rechts oder links. Über ein Fernrohr konnten an einer Skala die Ausschläge abgelesen werden. Die beiden Freunde dachten sich einen Buchstabencode aus. Rechts-rechts-links sollte »f« bedeuten, links-links-rechts »g« usw. Damit konnte man »in die Ferne schreiben«, also telegraphieren. Weil der Magnetstab nach jedem Stromstoß ausschwingen mußte, war keine schnelle Übertragung möglich, neun Buchstaben in der Minute waren das höchste der Gefühle.

Die historische Rolle eines Labordieners

Am Tag der Erprobung dieses ersten elektromagnetischen Telegraphen der Technikgeschichte (1833) begann Gauß mit der Übermittlung einer Nachricht. Gleichzeitig schickte er den Labordiener Michelmann zu Weber, um das Ergebnis zu erfragen. Als dieser ganz außer Atem am Physikalischen Institut ankam, hatte Weber die Botschaft bereits entschlüsselt. Das erste Telegramm, im Göttinger Platt geschrieben, lautete:»Mikkelmann kömmt.« So wurde der brave Labordiener unversehens zu einer historischen Figur. Der weltgeschichtlichen Bedeutung dieser technischen Erfindung eher gerecht wird die Botschaft, die Wilhelm Weber einige Tage später seinem Kollegen Gauß am anderen Ende der Leitung durchgab. Es war sein Wahlspruch:»Wissen vor meinen, sein vor scheinen.«

Vom König des Landes verwiesen

Durch politische Ereignisse wurde die verheißungsvolle Zusammenarbeit zwischen Gauß und Weber 1837 gewaltsam unterbrochen. Der frisch gekrönte König Ernst August II. von Hannover hatte das Staatsgrundgesetz abgeschafft und die alte Verfassung der Stände wieder eingeführt. Weber schloß sich einer Gruppe von sechs Göttinger Professoren an, die in einem Brief gegen diesen Verfassungsbruch protestierten. Das Protestschreiben der »Göttinger Sieben« wurde durch die Studenten unterstützt. Es kam zum Aufruhr, der junge König reagierte mit harten Maßnahmen: Ohne Anhörung wurden die sieben Professoren ihres Amtes enthoben und des Landes verwiesen.

Fünf Jahre blieb Weber ohne feste Anstellung. In sehr bescheidenen Verhältnissen lebte er in Leipzig vom Erlös einer Spendenaktion, zu der seine Kollegen aufgerufen hatten. Mit großer Disziplin führte er seine Arbeiten weiter und schrieb – gemeinsam mit seinem Freund Gauß – ein sechsbändiges Werk über den Magnetismus. Im Jahr 1843 erhielt er wieder eine Professur an der Universität Leipzig und veröffentlichte wenig später eine seiner wichtigsten Arbeiten: _Das allgemeine Grundgesetz der elektrischen Wirkungen_. In diesem Gesetz, das als Gegenstück zum Newtonschen Gravitationsgesetz gesehen werden kann, wurde erstmals von der Existenz positiver und negativer elektrischer Ladungen gesprochen. Es umfaßte und erklärte alle damals bekannten elektrischen Erscheinungen auf den Gebieten Elektrostatik, Elektrodynamik und Induktion.

Die Revolution im März 1848 brachte für Wilhelm Weber eine neue, diesmal positive Wende in seiner Laufbahn: Nach elfjähriger Verbannung erhielt er wieder die Professur in Göttingen. Zwei Auf-

gaben standen nun im Mittelpunkt seines Interesses: die Entwicklung präziser Meßinstrumente für die Erfassung der elektrischen Erscheinungen und die Entwicklung brauchbarer Maßeinheiten für
Spannung, Stromstärke und Widerstand.

Erfinder des c-g-s-Systems

In den folgenden Jahren errichtete Weber das wissenschaftliche Gebäude der modernen Elektrizitätslehre. Vielleicht von noch größerer
Bedeutung war die Ausarbeitung eines Systems der absoluten elektrischen Maßeinheiten. Weber führte die elektrischen Grundgrößen
auf die mechanischen Größen Zentimeter, Gramm und Sekunde zurück. Das »c-g-s-System« wurde für lange Zeit zum beherrschenden
Maßsystem der Naturwissenschaften. Es erlangte eine universelle
Gültigkeit und wurde von allen Kulturstaaten übernommen.

Auf dem ersten Internationalen Elektrikerkongreß 1881 in Paris
wurden die wichtigsten absoluten Maßeinheiten mit den Namen ver-
dienstvoller Wissenschaftler belegt. So fanden die Maßeinheiten
Ohm, Volt, Ampere, Cou-
lomb und Farad Eingang in
die Technik. Warum wurde
Wilhelm Weber bei der Na-
mensgebung übergangen? Immerhin galt das »Weber« in
England bereits als Maßeinheit der Stromstärke. Einge-
weihte wollten wissen, daß
der Leiter der deutschen Delegation diese Ehrung hin-
tertrieb. Hermann Ludwig
Helmholtz (1821–1894) hatte mit Weber zu jener Zeit
eine heftige, unerfreuliche
Kontroverse. Erst ein halbes
Jahrhundert später, als die
International Electrical Com-
mission in Scheweningen tag-

Wilhelm Weber im Alter von 86 Jahren

te, erfolgte eine Wiedergutmachung. Die Einheit des magnetischen Flusses erhielt die Bezeichnung Weber (Wb).

Im Alter von 70 Jahren zog sich Weber von der Leitung des Physikalischen Instituts zurück. Der unternehmungslustige Junggeselle erfreute sich an schöngeistiger Literatur, wobei er Goethe und Shakespeare bevorzugte. In den Sommermonaten nahm er seine ausgedehnten Wanderungen wieder auf, er machte Reisen in die Tiroler Berge, an die Riviera, nach Neapel.

Als Nestor der deutschen Physik erhielt er zahlreiche Ehrungen, so das Großkreuz des Braunschweigischen Ordens Heinrichs des Löwen, die Ernennung zum »Wirklichen Preußischen Geheimrat«, die Becquerel-Medaille und als höchste Auszeichnung auch die Copley-Medaille. Im hohen Alter von 87 Jahren verstarb Wilhelm Weber, im Lehnstuhl sitzend, in seinem blühenden Garten.

Die Telegraphie – eine wertlose Erfindung?

Als 1839 die erste Eisenbahnlinie zwischen Dresden und Leipzig gebaut wurde, erhielt Wilhelm Weber die Anfrage, ob er wohl geneigt wäre, seine Erfindung in den Dienst der Eisenbahn zu stellen. Weber schrieb zurück. »Die Idee mag an sich sehr schön sein. Wenn Sie aber meinen, Sie könnten sie jemals für praktische Zwecke ausbeuten, so irren Sie sich gewaltig.«

Webers Freund und Kollege Gauß äußerte sich dagegen viel optimistischer über die Zukunftschancen der Telegraphie. »Ich glaube, daß die elektromagnetische Telegraphie zu einer Vollkommenheit gebracht werden könnte, vor der die Phantasie fast erschrickt. Der Kaiser von Rußland könnte seine Befehle ohne Zwischenstation in derselben Minute von Petersburg nach Odessa geben ... Ich halte es nicht für unmöglich, eine Maschine zu bauen, mit der eine Depesche fast so mechanisch abgespielt würde, wie ein Glockenspiel ein Musikstück abspielt, das einmal auf Walze gesetzt ist.«

Was weder Weber noch Gauß damals wußten: Zur selben Zeit hatte der amerikanische Kongreß bereits einen Wettbewerb ausgeschrieben für ein elektrisches Fernschreibsystem zur schnellen Übermittlung von Informationen über weite Entfernungen. Sieger dieses Wettbewerbs wurde der Kunstmaler Samuel Morse. Mit dem »Morse-Alphabet«, bestehend aus kurzen und langen Stromstößen, begann 1840 das Zeitalter der elektrischen Telegraphie. 30 Jahre später umspannten bereits 400 000 km Telegraphenkabel den Globus.

Anhang

Gesetzliche Einheiten im Meßwesen, die den Namen verdienter Wissenschaftler tragen

Größe	Name	Einheiten-zeichen	Beziehung
Elektrische Stromstärke	Ampere	A	SI-Basiseinheit
Aktivität (ionisierende Strahlung)	Becquerel	Bq	$1\,Bq = 1\,/\,s$
Celsius-Temperatur	Celsius	°C	»Besondere Einheit für die Temperatur«
Elektrische Ladung und Elektrizitätsmenge	Coulomb	C	$1\,C = 1\,A\,s$
Elektrische Kapazität	Farad (benannt nach M. Faraday)	F	$1\,F = 1\,C\,/\,V$
Energiedosis, spezifische Energie	Gray	Gy	$1\,Gy = 1\,J\,/\,kg$
Induktivität	Henry	H	$1\,H = 1\,V\,s\,/\,A$
Frequenz	Hertz	Hz	$1\,Hz = 1\,/\,s$
Arbeit, Energie, Wärmemenge	Joule	J	$1\,J = 1\,N\,m$
Thermodynamische Temperatur	Kelvin	K	SI-Basiseinheit
Kraft	Newton	N	$1\,N = 1\,kg\,m\,/\,s^2$
Elektrischer Widerstand	Ohm	Ω	$1\,\Omega = 1\,V\,/\,A$
Druck, mechanische Spannung	Pascal	Pa	$1\,Pa = 1\,N\,/\,m^2$
Elektrischer Leitwert	Siemens	S	$1\,S = 1\,/\,\Omega$
Äquivalentdosis	Sievert	Sv	$1\,Sv = D\,q$
Magnetische Flußdichte	Tesla	T	$1\,T = 1\,Wb\,/\,m^2$
Elektrische Spannung bzw. Potentialdifferenz	Volt (benannt nach A. Volta)	V	$1\,V = 1\,W\,/\,A$
Energie- und Wärmestrom	Watt	W	$1\,W = 1\,J\,/\,s$
Magnetischer Fluß	Weber	Wb	$1\,Wb = 1\,V\,s$

Vorsätze und Vorsatzzeichen zur Bezeichnung von dezimalen Vielfachen und Teilen von Einheiten

Die Entfernung Erde–Mond beträgt (im Maximum) 406 700 000 Meter. Eine sehr große Zahl, die man sich vielleicht noch merken könnte. Das menschliche Vorstellungsvermögen für Zahlen hört jedoch schnell auf, wenn es um die riesigen Entfernungen im Weltall oder um winzige Größen in den molekularen Strukturen der Materie geht.

Unvorstellbar große und unermeßlich kleine Zahlenwerte schreibt man besser in Zehnerpotenzen, z. B. 10^{-9} oder 10^{12}. Aber auch das ist nicht in jedem Fall praktikabel. Der Gesetzgeber erlaubt daher, die Maßeinheiten durch Vorsätze und Vorsatzzeichen zu vergrößern oder verkleinern. Diese Vorsätze sind uns schon lange geläufig. Im obigen Beispiel schreiben wir die Entfernung zum Mond selbstverständlich nicht in der Längeneinheit Meter, sondern mit dem Vorsatz Kilo (= x 10^3 oder 1000), also 406 700 Kilometer (oder km). In der Computersprache wird die Taktfrequenz nicht mit beispielsweise 800 000 000 Hertz angegeben, sondern mit 800 Megahertz, abgekürzt MHz.

Die Namen der Vorsätze wurden aus dem Lateinischen bzw. Altgriechischen entlehnt. Nach DIN 1301 können dezimale Teile und Vielfache von Einheiten durch folgende Vorsätze und Vorsatzzeichen dargestellt werden:

Faktor, mit dem die Einheit multipliziert wird	Vorsatz	Vorsatzzeichen	Beispiel
10^{12}	Tera...	T	Terawatt, TW
10^9	Giga...	G	Gigavolt, GV
10^6	Mega...	M	Megabyte, MB
10^3	Kilo...	k	Kilometer, km
10^2	Hekto...	h	Hektoliter, hl
10^1	Deka...	da	Dekagramm, dag
10^{-1}	Dezi...	d	Dezimeter, dm
10^{-2}	Zenti...	c	Zentiliter, cl
10^{-3}	Milli...	m	Milliampere, mA
10^{-6}	Mikro...	µ	Mikrosekunde, µs
10^{-9}	Nano...	n	Nanometer, nm
10^{-12}	Piko...	p	Pikofarad, pF

Die »pensionierten Maßmenschen«

Mit dem Beginn der Elektrifizierung um das Jahr 1880 wurde den Fachleuten klar, daß die bis dahin verwendeten metrischen Grundmaße – Länge, Fläche, Gewicht und Zeit – nicht mehr ausreichten, um mit diesem Instrumentarium auch die wesentlich komplizierteren elektrischen und elektromagnetischen Erscheinungen und Gesetze ausreichend beschreiben zu können. Das Gebäude der Meßtechnik mußte dringend umgestaltet und erweitert werden. Neue Maßeinheiten waren zu definieren.

Eine beliebte Beschäftigung der nun folgenden Kongresse war es, den Nestor eines Fachgebietes dadurch zu ehren, daß man eine Maßeinheit nach ihm benannte. Dabei wetteiferten die Nationen im Bemühen, einem ihrer verdienten Wissenschaftler diese hohe Ehre angedeihen zu lassen. Bereits der Erste Internationale Elektrikerkongreß in Paris 1881 benannte die elektrischen Maßeinheiten mit großen Namen wie Ampère, Coulomb, Faraday, Ohm und Volta.

In der Folge mußte das Lehrgebäude der Metrologie noch mehrfach umgebaut werden, einerseits, um weitere Gebiete der Technik einzubeziehen, beispielsweise das Fachgebiet der Radiologie. Andererseits sollten die Maßeinheiten möglichst durchgängig »internationalisiert« werden, um den Wissenstransfer zwischen den Staaten zu erleichtern und den grenzüberschreitenden Warenfluß zu vereinfachen.

Zwangsläufig waren damit Umbenennungen verbunden, mit der Folge, daß einige der früheren Namensgeber aus den Normen und Lehrbüchern verschwinden mußten. Sie wurden sozusagen »pensioniert«.

Weil die »Pensionäre« im älteren Schrifttum noch häufig erwähnt sind, werden sie im folgenden kurz vorgestellt.

Die Einheit Curie – Reminiszenz an eine außergewöhnliche Forscherin

Es geschieht sehr selten, daß eine Frau für ihre wissenschaftlichen Leistungen mit dem Nobelpreis ausgezeichnet wird. Absolut einmalig ist der Fall Marie Curie (1867–1934). Die in Polen geborene Physikerin erhielt als bisher einzige Frau zwei Nobelpreise. Das erste Mal, 1903, den Physik-Nobelpreis für die Erforschung der Radioaktivität, acht Jahre später (1911) den Nobelpreis im Fach Chemie. Zusammen mit ihrem Ehemann Pierre Curie (1859–1906) hatte sie die radioaktiven Elemente Radium und Polonium isoliert und rein dargestellt.

Als das Internationale Komitee für Maß und Gewicht (CIPM), die weltweit oberste Instanz für das Meßwesen, 1910 nach einem geeigneten Namen für die neue Maßeinheit der Aktivität von radioaktiven Stoffen suchte, brauchten die Fachleute nicht lange zu überlegen. Der Name Curie lag ihnen schon auf der Zunge.

1951 wurde die Maßeinheit Curie neu definiert. 1 Curie (Ci) war jetzt die Menge eines radioaktiven Stoffes, der die gleiche Strahlungsaktivität besitzt wie 1 Gramm des hochaktiven Elements Radium, nämlich 37 Milliarden Zerfallsakte pro Sekunde.

Bei der Festlegung der Internationalen Maßeinheiten (SI) kam es 1985 zu einer radikalen Änderung der Grundlagen. Seitdem ist die Maßeinheit der Radioaktivität 37 Milliarden mal kleiner und trägt nun den inzwischen leider allzu häufig genannten Namen des französischen Physikers Henri Becquerel.

Daß in der öffentlichen Diskussion die neue Maßeinheit Bq häufig gleichgesetzt wird mit der alten, milliardenfach größeren Maßeinheit Curie, dafür ist allerdings weder Monsieur Becquerel (siehe S. 30) noch Madame Curie verantwortlich zu machen, sondern das mangelnde Physikwissen vieler Zeitgenossen.

1 Curie (Ci) = $3,7 \times 10^{10}$ Becquerel (Bq)

1 Becquerel (Bq) = 1 radioaktiver Zerfallsakt pro Sekunde

Die Einheit Gauß – Ehrung für ein Universalgenie

Der deutsche Mathematiker, Physiker und Astronom Carl Friedrich Gauß (1777–1855) ist uns in diesem Buch schon einmal begegnet. Zusammen mit dem Physiker Wilhelm Weber (siehe Seite 189) konstruierte er in Göttingen den ersten elektromagnetischen Telegraphen und begründete damit die Nachrichtenübermittlung über weite Entfernungen.

Gauß wurde schon zu Lebzeiten als »Princeps mathematicorum« und »größter Mathematiker Europas« bezeichnet. Er lieferte auch wichtige Beiträge zur Physik, Geodäsie und Astronomie. 1832 begründete Carl Friedrich Gauß außerdem das erste »absolute Maßsystem«. Dieses System basierte auf drei voneinander unabhängigen Basiseinheiten: die Längenmaße in Millimeter, die Gewichte in Milligramm, die Zeit in Sekunden. Aus diesen drei Basiseinheiten ließen sich damals alle anderen Maßeinheiten ableiten, zum Beispiel die Geschwindigkeit, die Kraft oder die Stärke eines elektrischen Stroms. Aus didaktischen Gründen mußte das Gaußsche Maßsystem auf dem internationalen Elektrikerkongreß 1881 in Paris modifiziert werden. Als Grundeinheiten dienten nun die Größen Zentimeter, Gramm und Sekunde, abgekürzt »C-G-S«.

Fast 100 Jahre diente das CGS-System als Grundlage für alle physikalischen Rechenoperationen. So war es nur logisch, daß man auch eine Maßeinheit nach Carl Friedrich Gauß benannt hat, die Einheit der magnetischen Flußdichte (Induktion).

Nach Einführung des SI trat an die Stelle der Einheit Gauß der Name des Physikers Nikola Tesla.

$$1 \text{ Gauß (G)} = 10^{-4} \text{ Tesla (T)}$$

Das Lichtmaß Hefner – Wachslichter und Kerzen

Wie mißt man Licht? Einfache Frage, schwierige Antwort. Wonach wird gefragt, nach der Lichtstärke, nach der Lichtfarbe, Lichtmenge, Lichtdichte? Oder etwa nach dem Lichtstrom, der eine Fläche beleuchtet?

Früher, als es noch keinen elektrischen Strom und keine Glühlampen gab, war das einfacher. Da wußte man, daß eine Ölfunzel heller leuchtet als ein Kienspan und eine große Kerze heller als eine rußende Öllampe. Aber um wieviel heller?

Der in Aschaffenburg geborene Konstrukteur und Erfinder Friedrich von Hefner-Alteneck (1845–1904) baute eine mit Amylacetat gespeiste, nicht rauchende Dochtlampe. Sie brannte so gleichmäßig, daß sie als Einheitslichtquelle, als sogenanntes »Meßnormal«, verwendet werden konnte. Unter der Bezeichnung »Hefnerkerze (HK)« wurde sie 1896 zur elektrischen Lichtstärkeeinheit erhoben.

Friedrich von Hefner-Alteneck war als Mitarbeiter von Werner von Siemens (siehe S. 140) bei der Berliner Firma Siemens & Halske angestellt. Seine wichtigsten Erfindungen, eine verbesserte Dynamomaschine und eine Differential-Bogenlampe, gingen in die Technikgeschichte ein. Die von ihm konstruierte und ab 1903 von der AEG auf den Markt gebrachte Zeigerschreibmaschine »Mignon« erlangte legendäre Bedeutung. Es war die erste Schreibmaschine in den Büros der damaligen Zeit.

Abgelöst wurde das Lichtmaß Hefner 1942 zunächst durch die photometrische Lichtstärkeeinheit »Neue Kerze (NK)«. Seit 1979 gilt die Einheit Candela (cd) als SI-Basiseinheit.

Das lateinische Wort »candela« bedeutet eigentlich »Wachskerze«. Tatsächlich entspricht eine Candela etwa der Lichtstärke eines gewöhnlichen Teelichts.

$$1 \text{ Hefnerkerze (HK)} = 0,903 \text{ Candela (cd)}$$

Röntgen – er machte die Knochen sichtbar

Es war eine Zufallsentdeckung, die den deutschen Physiker Wilhelm Conrad Röntgen (1845–1923) weltberühmt machte. Am 8. November 1895 experimentierte er mit einer »Kathodenstrahlröhre«, um dem Geheimnis der Fluoreszenz auf die Spur zu kommen. Dabei erregte ein Lichtblitz, der offensichtlich nicht aus der Röhre kam, seine Aufmerksamkeit. Ein mit einem Bariumsalz beschichtetes Blatt Papier, das zufällig auf seinem Labortisch lag, fing an zu leuchten. Das Leuchten hörte sofort auf, wenn die Röhre ausgeschaltet war. Jedesmal, wenn er sie wieder einschaltete, leuchtete das Papier erneut, sogar im benachbarten Zimmer. Röntgen nannte die unbekannten Strahlen zunächst »X-Strahlen«. Das X – unbekannte Größe – wurde später durch den Namen Röntgen ersetzt, der nun seinerseits zu einer weltbekannten Größe in der Physik aufstieg.

Mit den Röntgenstrahlen vermochten sich die Mediziner endlich den Traum zu erfüllen, in das Innere eines menschlichen Körpers blicken zu können, ohne ihn zuvor aufschneiden zu müssen.

Für seine Entdeckung erhielt Wilhelm Conrad Röntgen 1901 den ersten Nobelpreis für Physik. 1928 benannte eine Internationale Kommission die Einheit der »Ionendosis« nach dem wenige Jahre zuvor verstorbenen Röntgen. 1953 wurde Röntgen zur Einheit der »ionisierenden Strahlung«.

$$1 \text{ Röntgen (R)} = 258 \times 10^{-6} \text{ Curie (C)}$$

Die 1975 notwendig gewordene umfassende Umgestaltung der radiologischen Maßeinheiten machte auch vor großen Namen nicht halt. Die bedeutenden Forscher Wilhelm Conrad Röntgen und Marie Curie konnten zum Bedauern vieler Fachleute in dem neuen Internationalen System der Maßeinheit nicht mehr berücksichtigt werden. Der Grund: Eine Namensgleichheit von Einheiten bei völlig unterschiedlicher Bedeutung hätte zwangsläufig zu Mißverständnissen geführt.

Auf der 15. Generalkonferenz für Maß und Gewicht wurde die radiologische Maßeinheit Röntgen durch die weit unbekannteren Namen Gray und Sievert ersetzt (siehe Kap. Gray, S. 67, Sievert, S. 148), Madame Curie mußte Monsieur Becquerel Platz machen (siehe S. 30).

Poiseuille – der Unbekannte von der Seine

Wer beruflich mit Ölen zu tun hat, kennt die Maßeinheit Poise, meist mit dem Vorsatz Zenti. Die Einheit Zentipoise (cP) war die übliche Maßeinheit für die dynamische Viskosität (Zähigkeit) von Flüssigkeiten aller Art.

Der Namensgeber dieser viel verwendeten Maßeinheit, Dr. Jean Léonard Marie Poiseuille (1797–1869), ist den meisten Ölfachleuten bis heute völlig unbekannt. Sein Name taucht in kaum einer wissenschaftlichen Abhandlung auf, seine Vornamen werden, wenn überhaupt, falsch angegeben, sein Geburtsjahr ist unsicher (1797 oder 1799). Die ersten fünf Jahrzehnte seines Lebens liegen im dunkeln. Erstmals taucht der Name Poiseuille 1845 in einer Liste der Pariser Ärzte auf, drei Jahre später überrascht der Arzt die Fachwelt mit einer Abhandlung über die Strömung des Blutes in den Gefäßen. Das war aber auch sein einziger Beitrag für die Wissenschaft.

Dennoch hat sich der Name dieses Unbekannten bis heute in der Physik gehalten, und zwar zusammen mit dem deutschen Wasserbauingenieur Gotthilf Ludwig Hagen (1797–1844). Das »Hagen-Poiseuillesche Gesetz« beschreibt die Flüssigkeitsströmung durch sehr enge Röhren und hat grundlegende Bedeutung.

Die nicht gesetzliche Maßeinheit Poise (P) wird noch gelegentlich verwendet. Die korrekte Bezeichnung (SI-Einheit) der dynamischen Viskosität ist die Dezipascalsekunde (dPa s).

1 Poise (P) = 1 dPa s

Hofmathematiker Torricelli und sein unsichtbares Problem

Auch am täglichen Wetterbericht ist abzulesen, daß sich im Meßwesen ein Umbruch vollzogen hat. Noch vor wenigen Jahrzehnten lautete eine Vorhersage ungefähr so: »Luftdruck 760 Torr oder 1013 Millibar, Tendenz steigend …«. Heute wird der Luftdruck nicht mehr in Torr, auch nicht in Millibar gemessen, sondern in Millipascal (mPa).

Wer war der Namensgeber der Maßeinheit Torr? Es war der italienische Philosoph Evangelista Torricelli (1608–1647), Hofmathematiker bei Großherzog Ferdinand II. von Toskana. Als Nachfolger des großen Physikers Galileo Galilei beschäftigte er sich mit einem schwierigen, weil völlig unsichtbaren Problem: Gibt es auf der Welt ein Nichts, ein Vakuum? Diese Frage hatte nicht nur theoretische Bedeutung, sie tangierte auch das philosophische, religiöse und astronomische Weltbild.

Evangelista Torricelli füllte eine 1,80 m lange, unten zugeschmolzene Glasröhre mit Quecksilber und verschloß sie oben mit einem Stöpsel. Dann drehte er die Röhre um und stellte sie in eine Schale mit Quecksilber. Als er das verstöpselte Ende wieder öffnete, floß ein Teil des flüssigen Metalls aus, aber eine 76 cm lange Quecksilbersäule blieb in der Röhre. Darüber war ein luftleerer Raum, das »Torricellische Vakuum«.

Zufällig machte Torricelli die Beobachtung, daß sich der Stand der Quecksilbersäule von Tag zu Tag minimal veränderte. Torricelli hatte damit nicht nur den ersten Luftdruckmesser (Barometer) erfunden, sondern das Tor zur Neuzeit aufgestoßen. Die »Entdeckung« des Luftdrucks ermöglichte 125 Jahre später die Erfindung der Dampfmaschine (siehe Kap. Watt, S. 177) und damit den Beginn der industriellen Revolution.

1 Torr = 1/760 atm = 133,322 Pascal (Pa)

Weitere »Pensionäre«

Biot: veraltete, nicht gesetzliche Einheit der elektrischen Feldstärke
     Namensgeber: Jean-Baptiste Biot (1774–1862), französischer Physiker und Astronom
     1 Biot (Bi) = 10 Ampere (A)

Clausius: Einheit der Entropie
     Namensgeber: Rudolf Clausius (1822–1888), deutscher Physiker
     1 Clausius (Cl) = 1 cal/°K

Franklin: nicht gesetzliche Einheit der elektrischen Ladung
     Namensgeber: Benjamin Franklin (1706–1790), amerikanischer Politiker und Naturwissenschaftler, Erfinder des Blitzableiters
     1 Franklin (Fr) = $\frac{1}{3}$ x 10^8 A s

Gilbert: veraltete Einheit der magnetischen Spannung
     Namensgeber: William Gilbert (1544–1603), englischer Physiker und Arzt
     1 Gilbert (Gb) = 1 Oersted (Oe) x cm

Helmholtz: veraltete Einheit für das Moment einer elektrischen Doppelschicht
     Namensgeber: Hermann v. Helmholtz (1821–1894), deutscher Physiker
     1 Helmholtz = 1 Debye / Å

Maxwell: veraltete Einheit für den magnetischen Fluß
     Namensgeber: James Clerk Maxwell (1831–1879), schottischer Physiker
     1 Maxwell (M oder Mx) = 10^{-8} Voltsekunde (V s)
     Ersetzt durch die SI-Einheit Weber (Wb, siehe S. 189)

Mayer: veraltete Einheit der Wärmekapazität
  Namensgeber: Julius Robert Mayer (1814–1878), deutscher Arzt
  SI-Einheit ist das Joule (J, siehe S. 92)

Oersted: nicht gesetzliche Einheit der magnetischen Feldstärke
  Namensgeber: Hans Christian Ørsted (1777–1851), dänischer Physiker
  und Chemiker
  1 Oersted (Oe) = 79,577 A/m

Rankine: in Großbritannien und USA noch übliche Temperatureinheit
  Namensgeber: William John Rankine (1820–1872), schottischer Ingenieur und Physiker
  1 Grad Rankine (1 °R) = $\frac{5}{9}$ K
  SI-Einheit ist das Kelvin (K, siehe S. 100)

Rutherford: nicht gesetzliche Einheit für die radiologische Aktivität
  Namensgeber: Lord Rutherford of Nelson (1871–1937), britischer Physiker neuseeländischer Herkunft
  1 Rutherford (rd) = 10^6 Becquerel (Bq)

Wie mißt man Erdbeben, Lärm und Traubensaft?
Die Namensgeber von SI-fremden Einheiten

Das Internationale Einheitensystem *(Système International d'Unités,* abge-kürzt SI) umfaßt und definiert die wichtigsten technischen Maßeinheiten. Daneben sind aber noch andere Maßsysteme im Gebrauch. Es handelt sich dabei um Maße, die sich nicht in das SI-System einfügen, weil sie nichtme-trisch sind und keine physikalische Grundlage haben. Wegen ihrer Bedeu-tung in Wissenschaft, Technik und Wirtschaft sind sie dennoch amtlich zu-gelassen. Zum Beispiel die Oechsle-Grade, eine SI-fremde Einheit, welche für Weingärtner, aber auch für Weinliebhaber von großer Bedeutung ist.

Wer war Herr Oechsle? Wer kennt schon jenen Herrn Richter, dessen »nach oben offene« Skala immer dann bemüht wird, wenn die Erde bebt? Und warum wird der Lärm nach Dezibel gemessen? Nachfolgend werden die »nicht gesetzlichen« Namensgeber kurz vorgestellt.

Ångström und die Sonnenlinien

Wer beruflich mit Spektren zu tun hat, verwendet häufig die Maßeinheit Ångström (Å). 1 Å ist eine unvorstellbar kleine Einheit, nämlich der zehn-milliardste Teil eines Meters. In Zahlen ausgedrückt: 0,000 000 000 01 m. So viele Nullen zu schreiben wäre unpraktisch. Deshalb hat die Internatio-nale Astronomische Union 1938 die Ångströmeinheit zur Maßeinheit der Wellenlänge erklärt.

In SI-Einheiten ausgedrückt, spricht man vom Nanometer (nm).

$$1 \text{ Å} = 0{,}1 \text{ nm} = 10^{-10} \text{ m}$$

Die Bezeichnung Å geht auf Anders Jonas Ångström (1814–1874) zurück. Der schwedische Astronom und Physiker war Professor an der Universität von Uppsala. Er beschäftigte sich mit der Spektralanalyse von leuchtenden Himmelskörpern. Besonders das Sonnenspektrum hatte es ihm angetan. Was verraten die Spektrallinien über die materielle Zusammensetzung un-seres Tagesgestirns? Mit Hilfe der Fraunhoferschen Linien – das sind die für jeden Stoff charakteristischen dunklen Linien im Spektrum – fand er heraus, daß die Sonne zu einem Großteil aus Wasserstoff besteht. Dieser überra-schende Befund machte Ångström weltberühmt.

Baumé und die Senkwaage

Der französische Chemiker Antoine Baumé (1728–1804) betrieb in Paris eine Apotheke. Zur schnelleren Bestimmung der Mischungsverhältnisse von Flüssigkeiten (z. B. Wassergehalt von Alkohol) konstruierte er eine gläserne Spindel (Senkwaage) mit einer Skala, an der das spezifische Gewicht von Flüssigkeiten direkt abzulesen war. Diese »Aräometer nach Baumé« gehören schon seit langem zur Standardausrüstung von Apotheken und chemischen Laboratorien. Die »Baumé-Grade« (°Bé) entsprechen seit 1970 zwar nicht mehr den Vorschriften, sie werden aber noch heute verwendet, z. B. in galvanischen Betrieben. In den Mittelmeerländern dient diese Methode auch zur Bestimmung des Mostgewichts (siehe Oechsle).

Sir Beaufort und die Stürme

Der britische Admiral Sir Francis Beaufort (1774–1857) war mit den damals üblichen Windfahnen nicht zufrieden. Sie zeigten zwar die Windrichtung an, nicht aber die Windstärke. Bei den stets wechselnden Windverhältnissen war es fast unmöglich, die Stärke der Luftbewegungen mit Hilfe von physikalischen Geräten einigermaßen zuverlässig zu messen. Admiral Beaufort schlug 1806 eine zwölfstufige Windstärkeskala vor. Sie orientiert sich nicht an der Luftgeschwindigkeit, sondern an den Auswirkungen der Winde, Stürme und Orkane. Die Beaufort-Skala gilt noch heute und ist die Basis von Sturmwarnungen (siehe Tabelle).

1846 erfand ein anderer Engländer, Armstrong Robinson, das »Rotations-Anemometer«. Mit diesem Gerät, bestehend aus vier über Kreuz angeordneten Halbkugeln, werden heute die mittleren Windgeschwindigkeiten direkt in m/s gemessen.

Windstärkeskala nach Beaufort

Windstärke	Merkmal	Auswirkungen im Binnenland	Geschwindigkeit km/h
0	Stille	Rauch steigt senkrecht empor	0 – 1
1	leiser Zug	Rauchfahne zeigt die Windrichtung	1 – 5
2	leichte Brise	Blätter säuseln	6 – 12
3	schwache Brise	dünne Zweige bewegen sich	13 – 20

Windstärke	Merkmal	Auswirkungen im Binnenland	Geschwindigkeit km/h
4	mäßige Brise	Wind wirbelt Staub auf	21 – 28
5	frische Brise	kleine Laubbäume schwanken	29 – 38
6	starker Wind	starke Äste in Bewegung	39 – 50
7	steifer Wind	ganze Bäume in Bewegung	51 – 61
8	stürmischer Wind	Wind bricht Zweige ab	62 – 75
9	Sturm	Dachziegel werden abgeworfen	76 – 88
10	schwerer Sturm	Bäume werden entwurzelt	89 – 102
11	orkanartiger Sturm	verbreitete Sturmschäden	103 – 119
12–17	Orkan verschiedener Stärke	schwerste Verwüstungen	120 … 200

Alexander Bell und der Lärmpegel

Daß die Maßeinheiten den Namen berühmter Wissenschaftler tragen, sieht man ihnen oft gar nicht mehr an. Wer denkt bei der Bezeichnung »Dezibel« noch an den Erfinder des Telefons? Tatsächlich geht die Einheit der akustischen Leistung Bel (Zeichen B) auf den schottisch-amerikanischen Taubstummenlehrer Alexander Graham Bell (1847–1922) zurück. Er war Professor für Stimmphysiologie an der Universität Boston und erfand 1876 das erste technisch brauchbare Telefon. Der geschäftstüchtige Schotte gründete eine eigene Firma, die Bell Telephone Company. Sie ist heute die größte Telefongesellschaft der Welt (American Telephone and Telegraph Company, AT&T).

Der zehnte Teil der Einheit Bel, das Dezibel (dB), ist keine echte Maßeinheit, sie wird aber in der Akustik in gleicher Weise wie eine Maßeinheit verwendet. Die Werte in dB entsprechen (für einen Ton der Frequenz 1000 Hz) den Phonzahlen in der Skala des Lautstärke- oder Schalldruckpegels.

Schalldruckpegel (dB)

Geräuschpegel (gemessen in dB)	Beipiele	Wirkungen
120	Düsenflugzeug in nächster Nähe	Schmerzgrenze
110	Rock-Konzert	ohrenbetäubend
100	Kreissäge	unerträglich (Gehörschutz vorgeschrieben!)
90	Autobahn	sehr laut
80	Geschrei	laut
70	Rasenmäher mit Benzinmotor	ziemlich laut
60	Hauptverkehrsstraße	erträglich
50	normale Unterhaltung	mittelmässig
40	ruhige Wohnstraße	leise
30	Ticken eines Weckers	fast geräuschlos

Engler und die Zähigkeit von Ölen

Zu Beginn des »Erdöl-Zeitalters« (erste Bohrung 1859) war es noch nicht möglich, die unterschiedlichen Ölqualitäten eindeutig zu klassifizieren. Es gab noch keine geeigneten Untersuchungsmethoden.

Der deutsche Chemiker Carl Oswald Victor Engler (1842–1925), Begründer (und von 1880 bis 1887 Leiter) der Chemisch-technischen Versuchs- und Prüfanstalt in Berlin, entwickelte neue Labormethoden für die Erdölwissenschaft. Mit dem Engler-Viskosimeter werden z. B. die Ausflußzeiten von Ölen aus einem genormten Gefäß gemessen und als »Engler-Grade« bezeichnet.

Heute gibt es für die Viskositätsbestimmung von Flüssigkeiten modernere Methoden. Die Werte werden in »Millipascalsekunden« (mPa) ausgedrückt. Pascal (Pa) ist die SI-Einheit des Drucks (siehe S. 131).

Ernst Mach und der Überschall

Wie schnell fliegt eine Gewehrkugel? Schneller als der Schall. Warum knallt es, wenn ein Gewehr abgefeuert wird? Die langsamen Luftmoleküle, die das

Geschoß vor sich herschiebt, werden zusammengedrückt. Wenn sich die Moleküle wieder ausdehnen, gibt es einen lauten Knall, den Überschallknall. Dasselbe geschieht auch, wenn der Kutscher seine Peitsche knallen läßt oder wenn Düsenjets die Schallmauer durchbrechen.

Mit den physikalischen Problemen von Schallwellen befaßte sich der österreichische Physiker und Philosoph Ernst Mach (1838–1916) bereits im Jahre 1887, zu einer Zeit also, als sich noch niemand ein Flugzeug vorstellen konnte, schon gar nicht einen Düsenjet.

Machs Forschungen über die Gasdynamik bei hohen Geschwindigkeiten führten zum »Machschen Prinzip« und dieses – 28 Jahre später – zur allgemeinen Relativitätstheorie von Albert Einstein.

Zu Ehren von Ernst Mach nennt man heute eine Geschwindigkeit, die der Schallgeschwindigkeit entspricht, Mach 1, eine doppelt so große Geschwindigkeit Mach 2 usw.

Napier und die Logarithmentafel

In der Fernmeldetechnik spielt die Verstärkung oder Dämpfung von Signalen eine große Rolle. Dafür gibt es eine spezielle Maßeinheit, das »Neper«, benannt nach einem schottischen Mathematiker. Der hieß allerdings nicht Neper, sondern Napier, genauer gesagt Lord John Napier of Merchiston (1550–1617). Dem Normalbürger dürfte dieser Name wenig sagen, seine wichtigste Erfindung aber haftet vor allem den älteren Zeitgenossen noch in bester (vielleicht auch schlechter) Erinnerung: die Logarithmentafel.

Lord Napier lebte als Landgutbesitzer in der Nähe von Edinburgh. In seiner Freizeit beschäftigte er sich mit religiösen Fragen und machte sich Gedanken über die Landesverteidigung. Dafür entwarf er einen durch Stahlplatten geschützten Kampfwagen, den Vorgänger der heutigen Panzerfahrzeuge. Ein anderes Hobby war die Astronomie. Weil er sich über die ermüdenden Rechenoperationen ärgerte, entwickelte er eine einfache Methode zur Multiplikation und Division großer Zahlen, indem er die Exponenten (Hochzahlen) addierte bzw. subtrahierte. In jahrelanger Arbeit ermittelte er Hunderttausende von Exponentialzahlen. 300 Jahre lang gab es für komplizierte Rechnungen kein nützlicheres Hilfsmittel als die »Logarithmen« und die auf Logarithmen basierenden »parallel verschiebbaren Lineale«, die »Napierschen Stäbchen«. Das waren die Vorgänger der Rechenschieber, welche wiederum erst 1971 durch elektronische Taschenrechner abgelöst wurden.

Das Neper (Kurzzeichen Np) ist keine echte Maßeinheit, sondern eine Verhältniszahl.

Oechsle und das Mostgewicht

Der Zuckergehalt des frisch gepreßten Traubenmosts ist ein wichtiges Kriterium für die Qualität des daraus hergestellten Weines. Weil der Winzer aber nicht die Möglichkeit hat, im Weinberg komplizierte chemische Analysen durchzuführen, gab es viele Versuche, den Zuckergehalt auf einfachere Weise zu bestimmen. Die bekannteste Methode wurde 1835 von dem Pforzheimer Apotheker Christian Ferdinand Oechsle (1774–1852) erfunden. Er entwickelte eine Mostwaage, die anzeigt, um wieviel Gramm 1 Liter Most schwerer ist als 1 Liter Wasser. Hat der Most z. B. ein spezifisches Gewicht von 1,08, zeigt die Senk- oder Mostwaage auf der eingravierten Skala 80 Grad an.

Die deutsche Weinbaukommission von 1896 bestimmte, daß die Mostgewichte mit der von Herrn Oechsle erfundenen Mostwaage zu messen sind. Die Ergebnisse werden als »Oechslegrade« (Kurzzeichen Oe) bezeichnet. Laut Duden schreibt man jetzt allerdings »Öchsle« und »Öchslegrad«, obwohl es zu Lebzeiten des Erfinders noch gar keine Umlaute gab!

Wahrscheinlich hat Ferdinand Oechsle die Mostwaage gar nicht selbst erfunden, sondern eine bereits existierende Senkwaage des schwäbischen Uhrmachers Philipp Matthäus Hahn (1739–1790) modifiziert und in den Handel gebracht.

Heute spricht der Winzer noch immer vom »Mostgewicht«, obwohl die Mostwaage inzwischen durch ein sehr viel einfacher zu handhabendes Instrument ersetzt wurde. Ein »Hand-Zuckerrefraktometer« mißt nicht mehr das spezifische Gewicht, sondern den Brechungsindex des Traubensaftes und zeigt das Ergebnis direkt in Öchslegraden an.

Mindestmostgewichte für Prädikatsweine (am Beispiel Rheinhessen)

Qualitätsstufe	Mindestmostgewicht (° Oechsle)
Qualitätsweine bestimmter Anbaugebiete (Q.b.A.)	60
Kabinettweine	73
Spätlese	85
Auslese	95
Beerenauslese und Eiswein	125
Trockenbeerenauslese	150

C. F. Richter und die nach oben offene Skala

Erdbeben treten mit stark unterschiedlicher Intensität auf. Bei leichten Beben wackelt die Hängelampe im Wohnzimmer, bei schweren Beben werden ganze Städte dem Erdboden gleichgemacht. Es ist grundsätzlich nicht möglich, die Stärke eines Bebens direkt am Ort des Geschehens exakt zu messen. Welches Instrument funktioniert noch, wenn über ihm die Wände einstürzen?

Über die Frage eines geeigneten Meßverfahrens machte sich vor allem der amerikanische Geophysiker Charles Francis Richter (1900–1985) Gedanken. Er schlug 1935 vor, als Maß für die Intensität von Erdbeben die Magnitude eines Seismographen zugrunde zu legen, der aber nicht direkt im Erdbebengebiet selbst postiert ist, sondern in 100 km Entfernung vom Epizentrum. So ist es möglich, das Ausmaß der Erdbewegungen und die dabei auftretenden Energien objektiv zu messen. Die sogenannte Richter-Skala ist eine Zahlenreihe, bei der die jeweils nächsthöhere Zahl die zehnfache Stärke eines Erdbebens anzeigt. Ein Beben der Stärke 6 ist damit 100 mal stärker als eines mit der Stärke 4.

Erdbeben mit der Zahl 2,5 auf der Skala sind eben fühlbar, bei 4,5 treten leichte Schäden an Gebäuden auf, ein Beben der Stärke 7 hat katastrophale Ausmaße. Die Richter-Skala ist »nach oben offen«, sie endet aber faktisch bei ca. 8–9. Das bisher schlimmste gemessene Erdbeben hatte die Stärke 8,9.

Alte Maßeinheiten im deutschen Sprachraum

Acker, altes Feldmaß von regional unterschiedlicher Größe
1 Acker = 0,225 ha (Preußen) = 0,553 ha (Sachsen)

Ar (a), abgeleitet von lat. arare, pflügen.
Metrisches Flächenmaß zur Angabe von Grundstücksflächen
1 a = 100 m²

Ballen oder Bogen, Stückmaß für Papier, Baumwolle, Leder, Tuch usw.
Für Papier galten z. B. folgende Beziehungen:
1 Ballen = 10 Ries = 100 Buch = 1000 Hefte = 10 000 Bogen
1 Ballen Tuch = 12 Stück à 32 Ellen

Bannmeile, früher das Weichbild einer Burg oder Stadt (ca. 1 Meile), in dem kein Fremder Handel treiben durfte

Becher, altes Getreidemaß, regional unterschiedlich
1 Becher = 0,15 l (Baden)
1 Wiener Becher = 0,48 l (Österreich)

Bogen, Zählmaß im Druckereigewerbe
1 Bogen = 16 Druckseiten (noch heute in Gebrauch)

Bräu, altes Brauerei-Hohlmaß, Wert regional unterschiedlich
1 Bräu = 43 Faß = ca. 87 hl (Hannover)

Bund, altes Zählmaß
1 Bund = 30 Stück

Decher (auch: Dächer oder Dicker), altes Zählmaß im Leder- und Pelzhandel
1 Decher = 10 Stück

Doppelzentner (dz), auch Meterzentner, alte metrische Maßeinheit
Heute: Dezitonne (dt)
1 Doppelzentner = 2 Zentner = 100 kg

Drachme, ursprünglich altgriech. Münze, später Apothekergewicht
1 Drachme = ⅛ Unze = 3,9 g (Schweiz) = 4,37 g (Österreich)

Dutzend, Dtzd., (lat. duo-decim), altes, aber noch gebräuchliches Zählmaß
   1 Dtzd. = 12 Stück

Eimer, altes Flüssigkeitsmaß, Wert regional stark unterschiedlich
   1 Eimer à 60 Quart = 68 l (Preußen)
   1 Eimer à 40 Maß = 56 l (Österreich)
   1 Biereimer = 60 l, 1 Weineimer = 58 l (Wien)

Elle, altes Längenmaß, meist zum Abmessen von Tuchen verwendet (»Brabanter Elle«). Ursprünglich die Länge des Unterarms, später die Entfernung zwischen Zeigefinger und Achsel. Wert regional unterschiedlich
   1 Elle = 57–69 cm (Sachsen und Preußen) = 78 cm (Österreich)

Faden
   1. altes Längenmaß, in der Seefahrt für Tiefenmessungen verwendet.
      1 Faden = 6 Fuß = $^1/_{1000}$ Seemeile = 1,85 m
   2. altes Raummaß (Norddeutschland) für Holzscheite
      1 Faden = 1,74 Raummeter (Bremen) = 4,45 rm (Mecklenburg)

Faß, altes Flüssigkeitsmaß, vor allem für Wein oder Bier
   1 Faß = 229 l Bier (Preußen) = 1710 l Bier (Bayern)
   = 566 l Wein (Österreich)

Feldmaße (ökonomische Maße), Flächenmaße von Bodenflächen
   Zahlreiche Bezeichnungen, z. B. Morgen, Acker, Joch, Quadratrute, Tagwerk

Feldrute, auch Feldschuh, altes Landvermessungsmaß, regional unterschiedlich
   1 Feldrute = 29–50 cm

Festmeter (FM oder fm), Maß für Langholz
   1 FM = 1 m³ Holz ohne Zwischenräume, errechnet aus Stammlänge und Stammdurchmesser

Flasche, altes Flüssigkeitsmaß
   1 Flasche = 1 l, in Preußen = 0,85 l

Fuder, auch Fuhre, ursprünglich die Ladung eines zweispännigen Wagens
   Später verschiedene Bedeutungen:

1. altes Wein- und Branntweinmaß, regional unterschiedlich
   1 Fuder = 10 Ohm = 1500 l (Baden) = 1000 l (Rheinland)
2. Raummaß für Erz, Kohle und Sand
   1 Fuder = 1,62 m³ Eisenstein (Nassau)
   = 500 Liter Sand oder Torf (Schweiz)
3. noch heute übliches Faßmaß für Wein
   1 Fuder = 9,6 hl (Mosel)

Fuß, auch Schuh
1. altes Längenmaß, abgeleitet von der Länge eines Fußes
   1 Fuß = 12 Zoll = 25–39 cm, regional unterschiedlich
2. in der internationalen Luftfahrt gebräuchliche (ungesetzliche) Längeneinheit 1 foot (′) = 12 Zoll (″) = 30,84 cm

Glas
1. altes badisches Flüssigkeitsmaß
   1 Glas = 0,15 l
2. Zeitmaß an Bord von Schiffen (abgeleitet von der Sanduhr, die halbe Stunden anzeigte)
   1 Glas = ½ Stunde, 8 Glasen = 1 Wache = 4 Stunden

Grad Baumé (° Bé), Maß für die Dichte wässriger Lösungen

Grad Oechsle, Einheit für das spezifische Gewicht von Obstsäften und Wein

Gran (lat. »granum«, Samenkorn, Pfefferkorn), altes Medizinalgewicht, regional unterschiedlich
   1 Gran = 0,0625 g (Bayern) = 0,061 g (Preußen)

Grän oder Grain, alte Gewichtseinheit (Juwelen)
   1 Grän = ⅟₁₈ Lot = ⅟₁₂ Karat = 0,0514 g

Gros oder Groß, altes Zählmaß
   1 Gros = 12 Dutzend = 144 Stück
   1 Groshundert = 120 Stück
   1 Grostausend = 1300 Stück

Groß-Oktav (gr. 8°), Buchformat, durch Teilung des Buchbogens in 8 Blätter entstanden
   Höhe 22,5–25 cm. Groß-Quart (gr. 4°) Höhe bis 40 cm

Halbe, altes Getränkemaß unterschiedlicher Bedeutung
  1 Wiener Halbe = 0,7 l

Hufe, auch Hube, altes Ackerlos
  Ackerfläche, die man mit einem Pflug oder Gespann bestellen kann
  1 Hufe = 7–15 ha je nach Bodenqualität

Hutte, Tragkorb, Maß für Obst (Schweiz)
  1 Hutte = ca. 60 l

Immi, Getreidemaß (Schweiz)
  1 Immi = 3,2 l rauhes, d. h. nicht entspelztes Getreide
       = 2,7 l glattes, d. h. entspelztes Getreide

Joch, auch Juck, bäuerliches Flächenmaß, entspricht dem Ackerstück, welches ein Ochsengespann an einem Tag umpflügen kann. Größe regional unterschiedlich
  1 Joch = 0,4–0,7 ha

Juchart, auch Juchert (Jochacker), Feld- und Flächenmaß, ähnl. Tagewerk oder Morgen, regional unterschiedlich
  1 Juchert = 0,25–0,47 ha = 0,36 ha (Schweiz)

Kanne, auch Maßkanne, altes Flüssigkeitsmaß von unterschiedlichem Wert
  1 Kanne = 0,94 l (Dresden) = 1,07 l (Bayern)
  1 Bierkanne (Oldenburg) = 1,425 l

Kanzlei (-bogen), altes Papierformat = 33 x 42 cm

Karat, urspr. das Gewicht eines Johannisbrotsamens, der in Afrika als Goldgewicht galt
  1. im Schmucksteinhandel: 1 metrisches Karat (k) = 0,2 g
                             1 Wiener Karat   = 0,201 g
  2. Maß für den Feingehalt in Goldlegierungen: Reines Gold hat 24 Karat, eine Legierung mit $\frac{1}{24}$ Goldanteil ist einkarätig

Kiepe, Zählmaß in der Fischerei
  1 Kiepe = 30 Stiege = 600 Stück Schollen (Lübeck)

Klafter, altes Längenmaß, Spannweite der waagerecht ausgestreckten Arme
  1 Klafter = 6 Fuß = 1,8 m (Frankfurt) bis 2,9 m (Bayern)

Knoten, in der Seefahrt noch übliche Maßeinheit der Geschwindigkeit. Abgeleitet von der durch Knoten geteilten Logleine, die von einer Rolle ablief und dabei die Geschwindigkeit eines Schiffes anzeigte (Log = nautischer Fahrtmesser)

> 1 Knoten (kn) = 1 Seemeile/h = 1,852 km/h

Korb, Massenbezeichnung in der Hochseefischerei

> 1 Korb = 50 kg Fischgewicht

Kuhsommer bzw. Kuhwinter, Ertragsmaß (Schweiz)

> Futterbedarf einer Kuh pro Sommer bzw. Winter

Lachter (Berglachter), altes Längen- oder Flächenmaß, z.T. auch für Brennholz

> 1 Berglachter = 1,960 m
> 1 österreichischer Lachter = 36 Quadratfuß
> 1 Lachter = 3,3 m³ Holz (Preußen)

Linie (‴), altes Längenmaß, entspricht $\frac{1}{12}$ Zoll bei duodezimaler bzw. 0,1 Zoll bei dezimaler Teilung

> 1 Linie = 2,5 mm (Hessen) = 2,18 mm (Rheinland) = 3 mm (Schweiz)
> 1 Wiener Linie = 2,195 mm

Liter (l oder ltr), Hohlmaß. Früher: Volumen von 1 kg Wasser bei 4°C, heute 1 l = 1 dm³

Lot (Loth), alte Gewichtseinheit, auch Edelstein- und Silbergewicht

> 1 Lot = $\frac{1}{32}$ oder $\frac{1}{30}$ Pfund (= 15,6–17,5 g)

Mad bzw. Mannsmad, Landmaß für Wiesen (Schweiz)

> 1 Mad = 34 ar

Malter, altes Getreidemaß, regional stark unterschiedlich

> 1 Malter = 695 l (Preußen) = 186 l (Hannover) = 150 l (Baden und Schweiz)

Mandel, altes Zählmaß

> 1 kleine Mandel = 15 Stück
> 1 große Mandel = 16 Stück

Manngrab, Landmaß für Reben (Schweiz)
  1 Manngrab = 34 ar

Maß (die), Flüssigkeitsmaß, auch Maßkanne, Schenkmaß (Bayern)
  1 Maß = 1,069 l (Bayern) = 2 l (Nassau, Hessen) = 1,5 l (Baden, Schweiz)
  1 Wiener Maass = 2 Halbe oder Achter = 1,41 l

Massel, österreichisches Hohlmaß
  1 Müller-Massel = 3,84 l (Getreide)
  1 Wiener Futtermassel = 0,96 l

Mäßli, Hohlmaß (Schweiz)
  1 Mäßli = 0,94 l

Median (lat. mittelgroß), altes Papierformat vor Einführung des DIN-Formats
  Median I = 42 x 53 cm
  Median II = 46 x 59 cm

Meile, aus dem Altertum überliefertes Wegemaß, regional unterschiedlich
  1 altrömische Meile = 1 000 Doppelschritte = 1479 m
  1 Landmeile = 10 000 Einzelschritte = 7,5 km (Preußen, Österreich)
  1 Seemeile (nautische Meile) = 1852 m

Metze oder Metzen, altes Hohlmaß
  1 Metze = 3,4 l (Preußen) = 6,5 l (Sachsen)
  1 Wiener Metzen = 61,5 l
  1 Achtelmetzen = 7,69 l

Morgen (auch Joch, Juchart, Tagewerk), bäuerliches Feldmaß, regional unterschiedlich
  1 Morgen = 0,255 ha (Preußen) = 0,655 ha (Vorpommern) = 0,57 ha (Wien)

Muth, österreichisches Getreidemaß
  1 Muth = 1844 l

Mütt, Hohlmaß für Getreide (Schweiz, vor 1836)
  1 Mütt = 98 l glatte Frucht = 115 l rauhe Frucht

Ohm, altes Flüssigkeits-, meist Weinmaß
  1 Ohm = 150 l (Baden und Schweiz) = 137 l (Preußen)

Pfiff, Flüssigkeitsmaß (Wein)
  1 Wiener Pfiff = 0,177 l

Pferdestärke (PS), ursprüngl. Zugkraft eines Pferdes, Einheit der Arbeitsleistung
  1 PS = 75 Sekundenmeterkilogramm = 735,4988 Watt

Pfund, von lat. pondus, Gewicht. Alte, nicht gesetzliche, aber im Volksmund noch verwendete Gewichtseinheit. Die Abkürzung lb und das alte Zeichen ℔ gehen auf das lat. Wort libra (Waage) zurück. Bis zur Einführung des Dezimalsystems in Deutschland war Pfund das allgemein übliche Handelsgewicht, mit unterschiedlichen Werten.
  1 Pfund = 32 Lot = 467–560 g, heute allgemein 500 g
  1 Apothekerpfund = 375 g (Schweiz) = 420 g (Österreich)
  1 Wiener Pfund = 561 g

Postmeile, auch deutsche Meile, altes Wegemaß
  1 Postmeile (Österreich und deutsche Länder) = 7,4–7,6 km
  1 Postmeile (Schweiz) = 1 Schweizer Stunde = 4,8 km

Quentchen, auch Quent, Quint, Quintlein, früheres Handelsgewicht
  1 Quentchen = $^{10}/_6$ g = ca. 1,67 g (vor 1858 = 3,65 g)
  1 Quent, Quint, Quintli (Schweiz) = ¼ Lot = 3,91 g
  1 Wiener Quentchen = 4,37 g

Rachel, österreichisches Weinbergmaß
  1 Rachel = 1638 m²

Raummeter (rm), regional auch Ster, Raummaß für geschichtetes Holz, spätere Bezeichnung »Meterkubus«
  1 rm = 1 m³ einschließlich der Zwischenräume

Registertonne (RT), Raummaß in der Schiffahrt
  1 RT = 100 cubic feet = 2,8317 m³

Ries, früheres Papiermaß (siehe »Ballen«, S. 215)
  1 Ries = 20 Buch
  1 Neuries = 10 Buch = 1000 Bogen

Rute, altes Längenmaß, Wert regional unterschiedlich
  1 Rute = 10 oder 12 Fuß = 4,67 m (Hannover)
  = 3,76 m (Preußen und Württemberg) = 2, 96 m (Österreich)
  1 Ingenieur-Rute = 3,79 m (Österreich)

Saum, Flüssigkeitsmaß (Schweiz), Traglast eines Maul- oder Saumtiers
  1 Saum = 4 Eimer = 100 Maß = 150 l (Schweiz) = 154 kg (Österreich)

Scheffel, altes Kornmaß, 30–300 l
  1. Hohlmaß: 1 Scheffel = 16 Metzen = 222,36 l (Bayern) = 54,96 l
     (Preußen)
     1 metr. Neuscheffel (1872–1884) = 50 l
  2. Feldmaß: Aussaatfläche für 1 Scheffel Korn (1300–2700 m²)

Schenkeimer, altes Flüssigkeitsmaß
  1 Schenkeimer = 60 Maßkannen = 60,4 l (Bayern)

Schenkmaß, früheres Kleinverkehrsmaß (Ausschank von Getränken)
  1 Schenkmaß = 1,67 l (Württemberg) = 1,2 l (Sachsen)

Schock, auch Schober, altes Zählmaß
  1 Schock = 4 kleine Mandeln = 60 Stück

Schoppen, altes Flüssigkeitsmaß, früher etwa eine halbe Flasche Wein
  (ca. 0,4 l)
  1 Schoppen = 0,5 l, in Gaststätten = 0,2–0,25 l Wein bzw. 0,4–0,5 l
  Bier

Schritt, altes Längenmaß = ca. 70–80 cm
  10 000 Schritt zu je 75 cm = 1 Meile = 7,5 km

Schuh, altes Längenmaß = ca. 28–37 cm. Siehe Fuß

Seemeile (sm) oder nautische Meile, in der Seefahrt übliches Längenmaß
  1 sm = 1 Bogenminute (Äquator) = 1852 m

Seidel, altes Flüssigkeitsmaß, regional unterschiedlich
  1 Seidel = ½ Maßkanne = 0,35–0,53 l, heute ¼ l
  1 Wiener Seidel oder Seitel = 0,35 l
  1 Wiener Großseidel (Krügel) = 0,53 l

Skrupel od. Scrupel, altes Medizinalgewicht, Wert regional unterschiedlich
  1 Skrupel = $^1/_3$ Drachme = 1,22 g (Preußen) = 1,46 g (Österreich)

Spann, altes bergmännisches Längenmaß
  1 Spann = $^1/_8$ Lachter = 24–25,2 cm

Spanne, Längenmaß, Länge der ausgestreckten Hand bis zur Spitze des
Mittelfingers (große Spanne) bzw. des kleinen Fingers (kl. Spanne), auch
2 Handbreiten
  1 Spanne = 8–10 Zoll = ca. 20–28 cm

Stab, altes Längenmaß
  1 Stab = 1,20 m (Schweiz) = 1,18 m (Frankfurt) = 0,89 m (Salzburg)
  = 1 m (ab 1868, Norddeutscher Bund)

Ster (st), Holzmaß
  1 Ster = 1 m^3
  3 Ster = 1 Klafter (Schweiz)

Stiege, altes Zählmaß = 20 Stück

Strich
  1. Längenmaß. Bis 1884 = 1 mm (Deutschland), $^1/_{10}$ Strich = 0,3 mm
     (Schweiz)
  2. Winkeleinheit der Windrose = $^1/_{32}$ des Kompaßkreises
  3. militärische Winkeleinheit, 1 Viertelkreis = 45° = 1600 Strich

Stübchen, altes Flüssigkeitsmaß, regional unterschiedlich = 3,2–3,9 l

Stück, auch Stückfaß, altes Flüssigkeitsmaß für Wein
  1 Stück = 8 Ohm = 1200 l (Baden) = 1147 l (Frankfurt)

Tagereise, auch Tagesmarsch, im Altertum die Wegstrecke eines eintägigen
Fußmarsches
  1 Tagereise = ca. 25–35 km

Tonne, vor Einführung des dezimalen Systems:
  1. Hohlmaß, besonders für Salz, Getreide und Kohlen
     = ca. 2,2 hl, regional auch für Obst und Saatgut = 0,6–3,47 hl
  2. Flüssigkeitsmaß für Bier, 1 preußische Biertonne = 114,5 l
  3. altes bäuerliches Landmaß (auch »Steuertonne«) = 39–55 a

Torr, veraltete Maßeinheit des Luftdrucks
  1 Torr = $\frac{1}{760}$ atm = $1{,}33 \times 10^{-3}$ bar

Typographischer Punkt, 1898 in Deutschland eingeführtes Maßsystem für
  die Größe von Druckschriften (Schriftgrade)
  1 Punkt = $\frac{1}{72}$ Zoll = 0,3759 mm, 6 Punkt = Nonpareille, 8 Punkt =
  Petit, 9 Punkt = Borgis usw.

Unze (lat. uncia), der 12. Teil der römischen Maßeinheit As
  1. früheres Apothekergewicht
      1 Unze = 29,23–35 g, später meist 30 g
  2. Handels- und Edelmetallgewicht
      1 Unze = $\frac{1}{16}$ Pfund = 31,1 g

Vierling, altes Hohlmaß, regional unterschiedlich
  1 Vierling = 3,1–5,54 l

Viertel
  1. altes Hohlmaß, regional unterschiedlich
      1 Viertel = 18,5 l (Bayern) = 7,17 l (Frankfurt) = 15 l (Schweiz)
      1 Viertele = 1 Glas Wein = 0,25 l (Süddeutschland)
  2. Faßmaß für Wein = 8 l (z. B. Weinbaugebiet Nahe)
  3. altes Flächenmaß = 9 ha (Baden)

Viertelstück, Faßmaß für Wein
  1 Viertelstück = 300 l (Rheinpfalz)

Wehe, auch Wehr, altes bergmännisches Flächenmaß, entspricht der Fläche,
  die einem Bergmann (zur Ausbeutung) zugeteilt wurde
  1 Wehe = 98 Quadratlachter = 328–428 m²

Wispel
  1. früheres Getreidemaß
      1 Wispel = 24 Scheffel = 1319 l (Preußen)
      1 Wispel = 2 Malter = 2491 l (Sachsen)
  2. alte Gewichtseinheit
      1 Wispel = 20 Zentner = 1000 kg

Zent, alte Gewichtseinheit
  1 Zent = $\frac{1}{6}$ g = 0,1667 g

Zentner (Ztr.) oder Centner, altes Handelsgewicht, ungesetzliche, aber in der Landwirtschaft noch heute gebräuchliche Gewichtseinheit

1 Zentner (auch Zollzentner) = 100 Pfund = 50 kg

Vor 1834 regional unterschiedliche Gewichte:

1 Zentner = 56 kg (Bayern und Wien) = 46,77 kg (Braunschweig)

Zoll ($''$), altes Längenmaß, Breite des Daumens bzw. Länge des ersten Daumengliedes

1 Zoll = $\frac{1}{10}$ oder $\frac{1}{12}$ Fuß = 2,2–3 cm (regional unterschiedlich)

Heute noch gebräuchlich als Maßeinheit für Gewinde und Rohrdurchmesser. Dabei gilt

1 Zoll = 2,54 cm

Literaturhinweise

Geschichte der Naturwissenschaften und der Technik

Gaebert, H.: *Der große Augenblick in der Physik.* Loewes Verlag, Bindlach
1990.
Klemm, F.: *Geschichte der Technik. Der Mensch und seine Erfindungen.*
Rowohlt, Reinbeck 1992.
Paturi, F.: *Chronik der Technik.* Chronik Verlag Harenberg, Dortmund
1988.
Prause, G., Randow, Th.v.: *Der Teufel in der Wissenschaft.* Rasch und Röh-
ring, Hamburg 1991.
Pörtner, R. (Hrsg.): *Sternstunden der Technik.* Econ Verlag, München 1990.
Segré, E.: *Die Großen Physiker und ihre Entdeckungen.* Piper, München
1998.

Geschichte des Meßwesens

Alberti, H. J.: *Maß und Gewicht.* Akademie Verlag, Berlin 1957.
Hagel, J.: *Maße und Meßeinheiten in Alltag und Wissenschaft.* Francksche
Verlagshandlung, Stuttgart 1969.
Das Internationale Einheitensystem. Übersetzung d. Internat. Büro für Maß
und Gewicht, Hrsg.: PTB, F. Vieweg, Braunschweig 1982.
Die SI-Basiseinheiten. Hrsg.: Physikalisch-Technische Bundesanstalt,
Braunschweig 1975.
Sacklowski, A., Draht, P.: *Einheitenlexikon.* Beuth Verlag, Berlin 1986.
Vieweg, R.: *Maß und Messen in kulturgeschichtlicher Sicht.* Vieweg Verlag,
Wiesbaden 1962.
–: *Kleine Kulturgeschichte der Metrologie.* DIN-Mitt. 44 (1968)

Biographische Nachschlagewerke

Asimov, I.: *Biographische Enzyclopädie der Naturwissenschaft und Tech-
nik.* Herder, Freiburg 1984.
Borec, T.: *Guten Tag, Herr Ampère.* Verlag Harri Deutsch, Frankfurt/M
1983.
Fassmann, K. (Hrsg.): *Die Großen der Weltgeschichte.* 12 Bde. Kindler,
Zürich 1975.

Krafft F. (Hrsg.).: *Große Naturwissenschaftler.* Biographisches Lexikon. VDI Verlag, Düsseldorf 1990.
Meyenn, K. (Hrsg.): *Die großen Physiker.* 2 Bde. C. H. Beck, München 1997.
Volkmann, P.: *Technikpioniere.* Vde-Verlag, Berlin 1994.

Einzelbiographien und Aufsätze

Becquerel
Minder, W.: *Geschichte der Radioaktivität.* Springer, Berlin 1981.

Ampère
Williams, L. P.: »André Marie Ampère«, in Meyenn, K. (Hrsg.): *Die großen Physiker.* Bd. I. C. H. Beck, München 1997, S. 336 ff.

Celsius
Kant, H.: *Fahrenheit, Reaumur, Celsius.* Biographien hervorragender Naturwissenschaftler, Bd 73. Teubner, Leipzig 1984.

Coulomb
Stewart Gillmor, C.: *Coulomb and the Evolution of Physics and Engineering in Eighteenth Century France.* Princeton UP, Princeton/New Jersey 1971.
Sibum, H. Otto: »Charles-August Coulomb«, in Meyenn, K.: *Die großen Physiker.* Bd. I. C. H. Beck, München 1997, S. 243 ff.

Faraday
Lemmerich, J.: *Michael Faraday.* C. H. Beck, München 1991.
Schütz, W.: *Michael Faraday.* Teubner, Leipzig 1997.

Gray
Loutit, J. F., Scott, O. C. A.: »Louis Harold Gray«, *Biographical Memoirs of Fellows of the Royal Society.* Vol. 12, London 1966.

Henry
Coulson, T.: *Joseph Henry, his life and work.* Philadelphia 1950.
Jaffe, B.: *Männer der Forschung in Amerika.* New York 1944.

Hertz

Fölsing, A.: *Heinrich Hertz, eine Biographie.* Hoffmann und Campe, Hamburg 1997.

Hertz, J.: *Heinrich Hertz, Erinnerungen, Briefe, Tagebücher.* Akademische Verlagsges., Leipzig 1927.

Kuczera, J.: *Heinrich Hertz.* Biographien hervorragender Naturwissenschaftler, Band 20. Teubner, Leipzig 1987.

Joule

Cartwell, D.: *J. P. Joule.* Manchester 1978.

Crowther, J. G.: *Große englische Forscher.* Pontes Verlag, Berlin 1948.

Steffens, H. J.: *James Prescott Joule and the Concept of Energy.* Watson Publ. International, London 1979.

Newton

Schneider, I.: *Isaac Newton.* C. H. Beck, München 1988.

Wagner, F.: *Isaac Newton im Zwielicht zwischen Mythos und Forschung.* Verlag Karl Alber, Freiburg 1976.

Wickert J.: *Isaac Newton. Ansichten eines universalen Geistes.* Piper Verlag, München 1990.

Ohm

Füchtbauer, H. v.: *G. S. Ohm, ein Forscher wächst aus seiner Väter Art.* Ferd. Dümmler Verlag, Bonn 1947.

Gerlach, W.: *Georg Simon Ohm.* Gedächtnisrede zur Feier seines 150. Geburtstages. Erlangen 1994.

Pascal

Beguin, A.: *Blaise Pascal. In Selbstzeugnissen und Bilddokumenten.* Rowohlt, Reinbeck 2000.

Goldmann, L.: *Der verborgene Gott.* Suhrkamp, Frankfurt 1985.

Loeffel, H.: *Blaise Pascal.* Birkhäuser Verlag, Basel 1987.

Siemens

Matschoss, C.: *Werner Siemens.* Springer, Berlin 1916.

Siemens, W. v.: *Lebenserinnerungen.* Springer, Berlin 1892 (Erstausgabe).

Weiher, S. v.: *Werner von Siemens. Ein Leben für die Wissenschaft.* Musterschmidt, Göttingen 1974.

Sievert

Weinberger, H.: *Sievert, Enhet och Mångfald.* Schwed. Inst. für Strahlenschutz, Stockholm 1990.

»R. Sievert in Memoriam« (Nachrufe), *Acta Radiologica,* Vol. 6, August
1967.

Tesla

Cheney, M.: *Nikola Tesla: Man out of Time.* Dell Publ., New York 1981.

O'Neill, J. J.: *Prodigal Genius: The Life of Nikola Tesla.* Brotherhood of
Life, Albuquerque 1994.

–: *Nicola Tesla, der Gegenspieler Edisons.* Roher Verlag, Wien 1951.

Volta

Koch, S.: »A. Volta«, in Fassmann, K. (Hrsg.): *Die Großen der Weltgeschichte.* Kindler, Zürich 1975, S. 874 f.

Broglia, V.: »A. Volta und die Chemie«, *Chemiker-Zeitung* 90 (1966),
S. 628 f.

Watt

Matschoss, C.: *Die Entwicklung der Dampfmaschine.* Springer, Berlin
1908.

Sittauer, H. L.: *James Watt.* Biographien hervorragender Naturwissenschaftler, Bd 53. Teubner, Leipzig 1997.

Weber

Wiederkehr, K. H.: *Wilhelm Eduard Weber, Erforscher der Wellentheorie
und der Elektrizität (1804–1891).* Wissenschaftl. Verlagsges., Stuttgart
1996.

Bildnachweis

Die Bilder stammen aus den Archiven des Autors und des Verlags.

Personen- und Sachregister
(Fettdruck: Biographie im Textteil)